津軽弁本氣対談録

時代を拓《ひら》く

An sincere interview by
TSUGARU-BEN , a Japanese
dialect of Aomori-prefecture

Create a new era

「奇跡のリンゴ」 木村 秋則
「縄文式波動問診法」 木村 将人

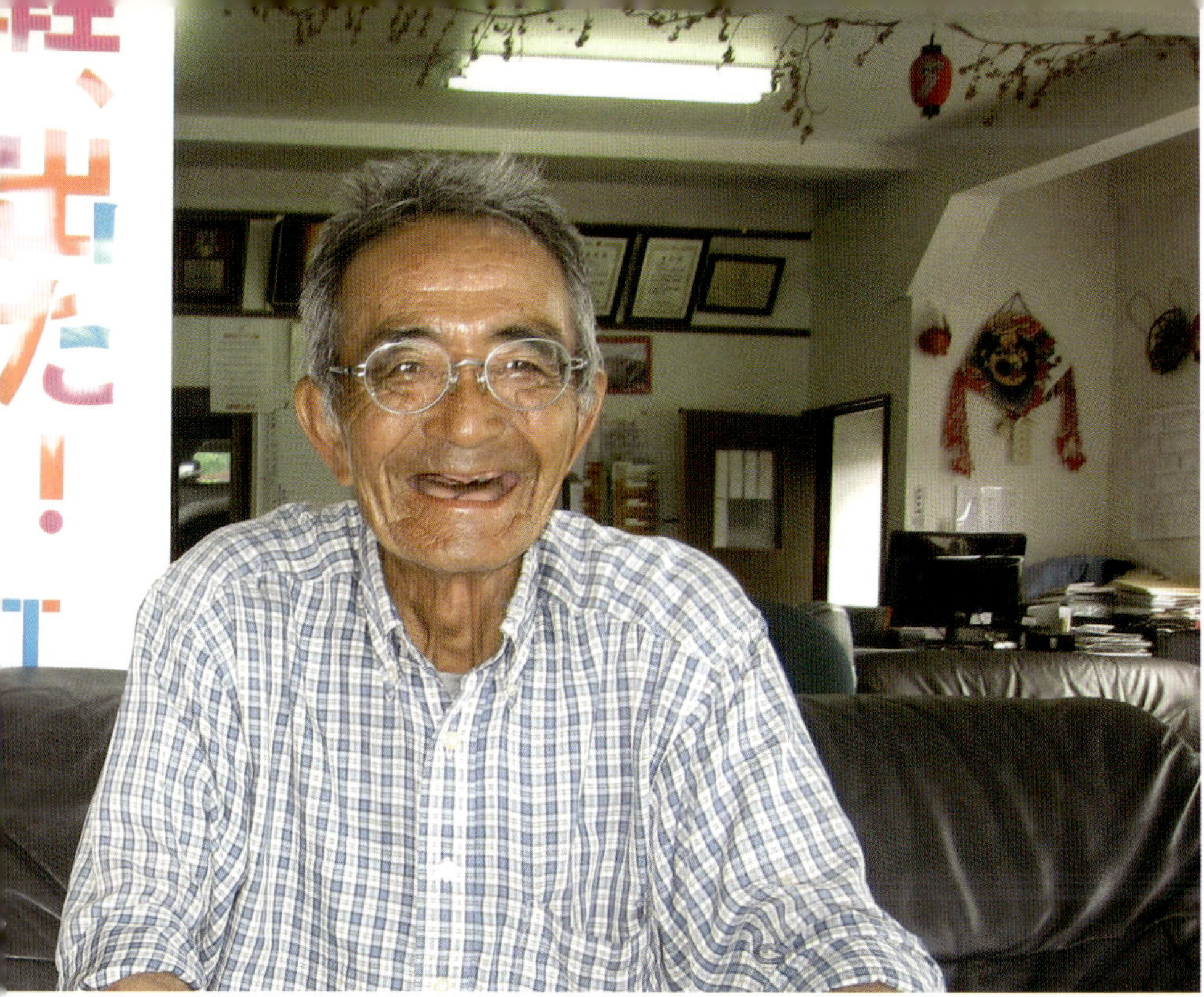

木村秋則（きむら　あきのり）

株式会社木村興農社　代表取締役

不可能と言われた無農薬、無肥料によるリンゴ栽培を可能とし、奇跡のリンゴとして評判になった。木村氏はその栽培法を自然栽培と称し、リンゴの他、コメや野菜など、日本全国だけでなく世界の国々から乞われ農業指導に当っている。食の安全、安心、そして環境問題に関心が高まっている現代、「農業ルネッサンス」として自然栽培の拡大に尽力している。

KIMURA AKINORI

He succeeded in growing apples with no agricultural chemicals and no fertilizer, which was said to be impossible.

He calls SHIZEN-SAIBAI, his natural way of growing, “AK-method” , and has been invited to teach the AK method in agriculture such as growing rice and vegetables all over the world including in Japan.

木村将人（きむら　まさと）

株式会社縄文環境開発　代表取締役

教師時代から取り組んできた、水、空気、土などの浄化活動を本格化するため早期退職し起業。オンリーワン技術として実績を積み重ねている。また思い出すように「宇宙エネルギー戴パワー」を授かり、例えば電磁波被曝障害に苦しむ人の救い手となっている。その縄文グッズ（イヤシロチ・グッズ）の威力は、マイナスエネルギーの場をプラスに変え、目に見えぬ世界にも変化をもたらしている。

KIMURA MASATO

He used to be a teacher of schools. He succeeded in starting up a business of purifying water, air and soil. Making great results in these fields, he has gotten " UCHU-ENERGY TAI-POWER", a special power given by the universal energy. He helps those who are suffering from the influences of the electromagnetic waves.

木村 秋則

（木村秋則編集のパワーポイントより）

↑
黒石市、木村秋則
自然栽培米酒倶楽部

←黒石市、平成 30 年
田植えを終えて

←青森県南部町開講式

ダライラマ法王 14 世に謁見

イタリア「ミラノ国際博覧会」にて

ドイツにて

黒石市、稲刈り後に記念撮影

耕作放棄地で育つ稲

ホウキを利用した除草作業

↑
渠（めいきょ）
を掘ることで、
の水分が抜けて
が乾く。好気性
菌が活性化する
北海道仁木町の
ンゴ畑）

障がい者と連携して農作業

↑
弘前市葛原字茂上の畑でリンゴの収穫

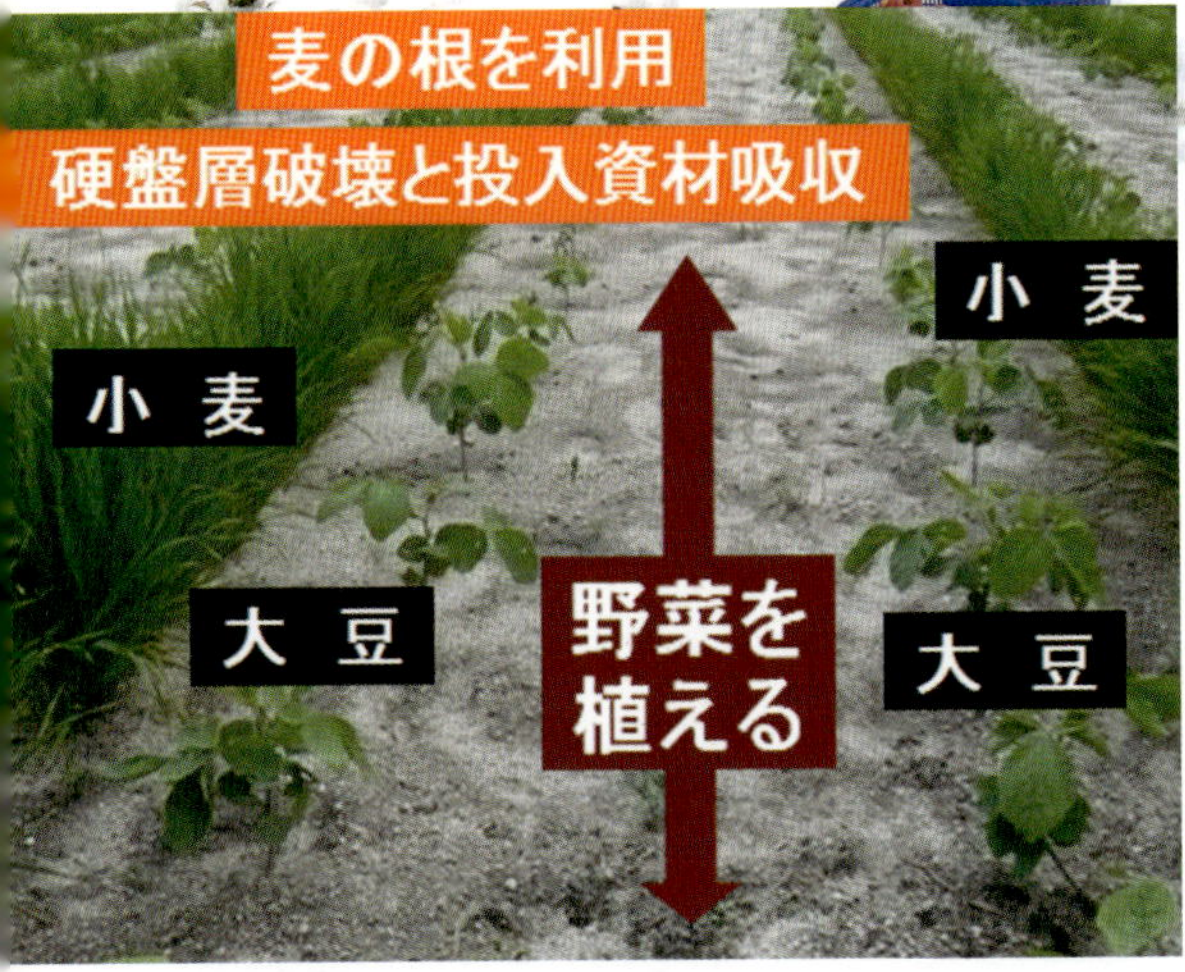

←自然栽培の特徴的な植え方（木村秋則編集のパワーポイントより）

ノウフク連携（木村秋則編集のパワーポイントより）

腐敗試験

（木村秋則編集のパワーポイントより）

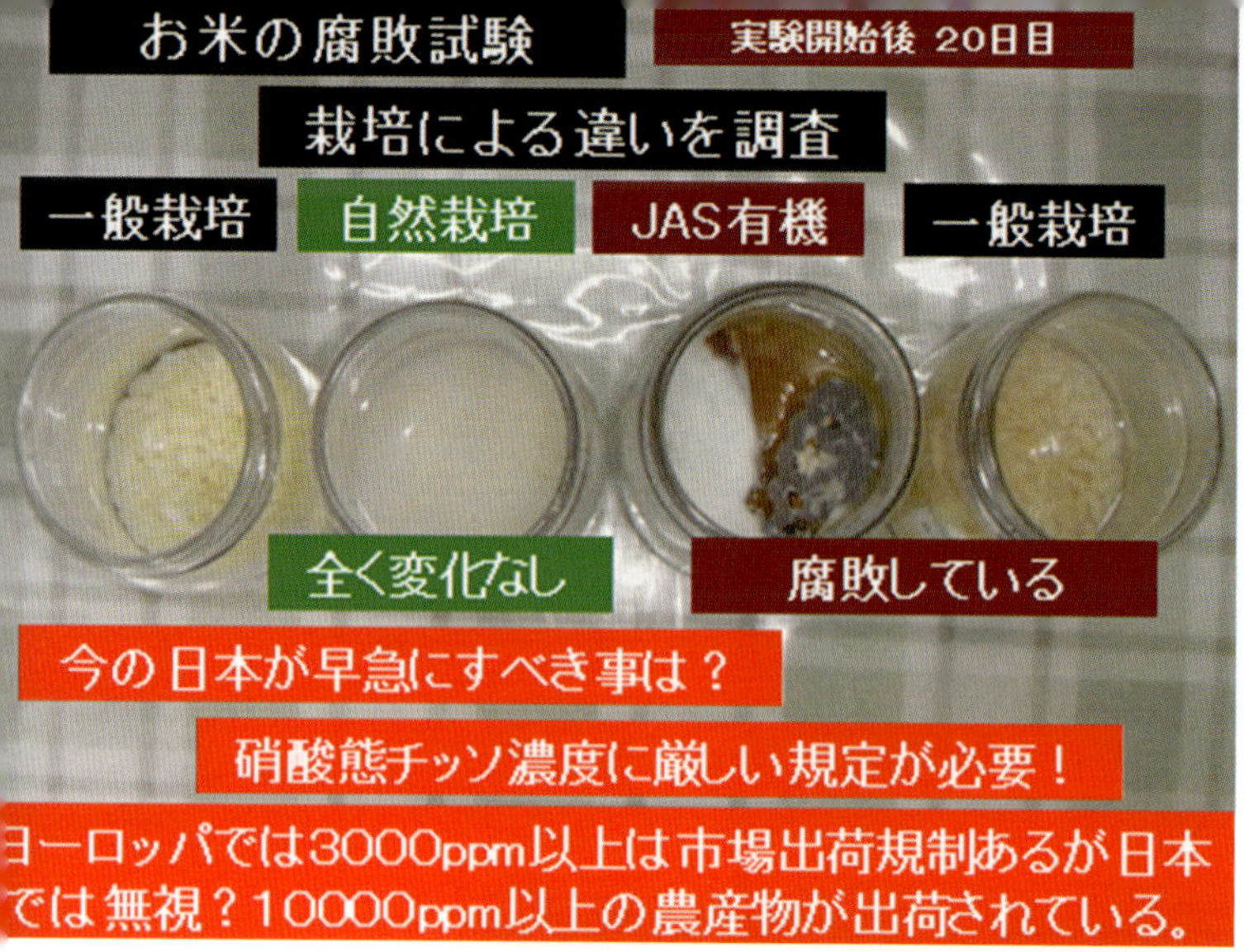

↑
お米

リンゴ→

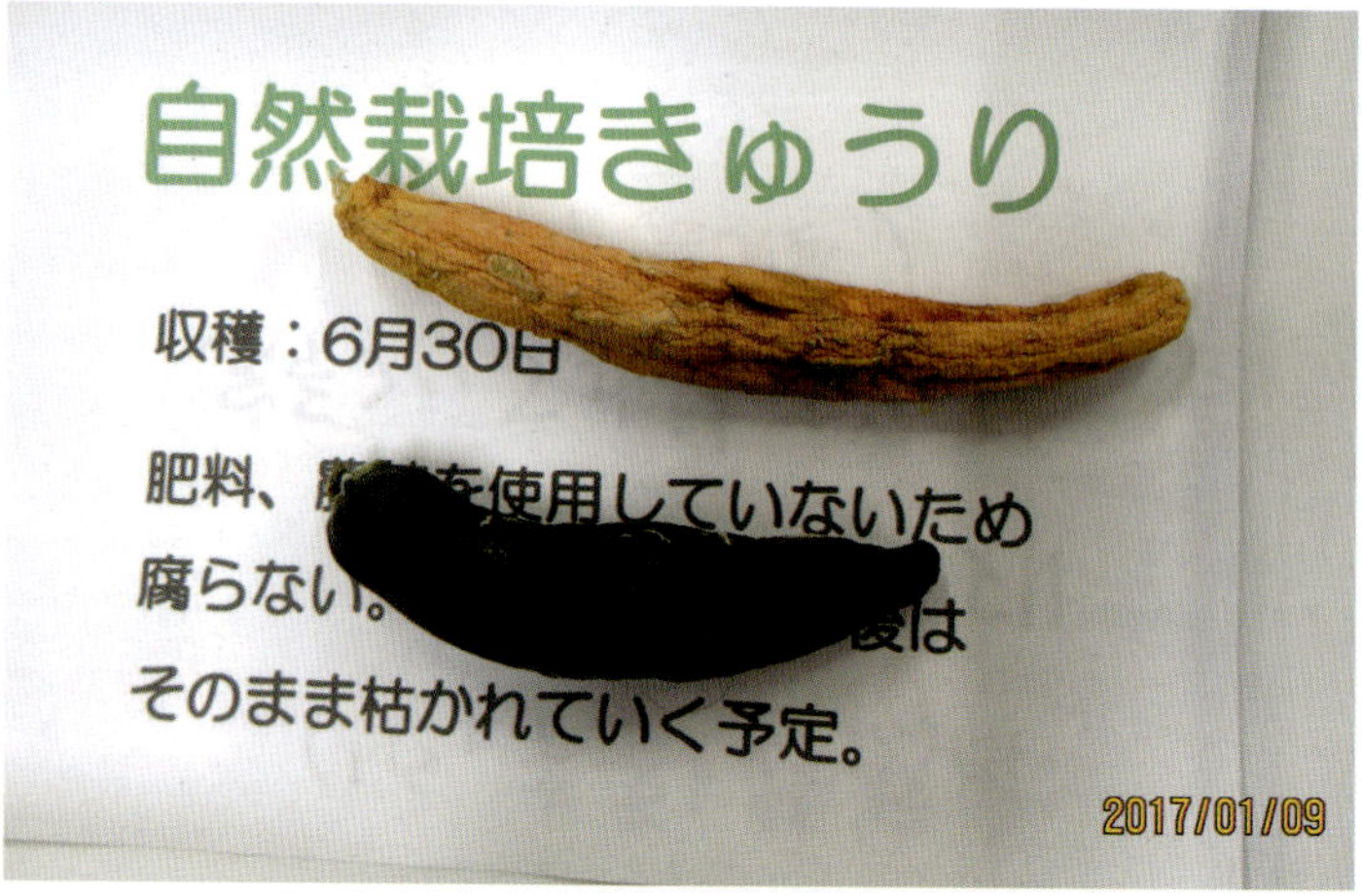

きゅうり（上・自然栽培は枯れていく）

耕盤はずし CR-17

木村将人
（縄文環境開発）

散布後３年目の春先、効果を確認しました。

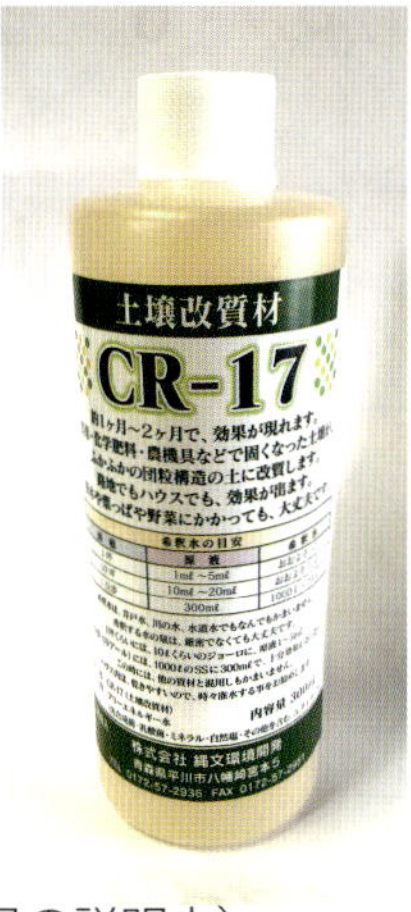

（商品の説明文）
農薬や化学肥料や除草剤によってカチカチに固くなってしまった土壌（耕盤）を、早ければ１ヵ月以内でふかふかの土壌に替えてくれます。水はけがよくなり植物の根も深く広く延びていくので元気になります。

ここまで刺さった。

測定してみると１m60 ㎝。

モデルは、いつもお世話になっている阿保文男さん

鳥獣被害対策
ウルフンエキス

（商品説明文）
野生動物の頂点に位置するのはオオカミであり、その「天敵」の気配を感じると他の全ての野生動物は、自分たちの「種」の棲息範囲で繁殖を調整するという。自然の法則を利用して作られた本物のオオカミの血を引くアシタカ君の糞を活用して作った商品です。

「ウルフンエキス」の産みの親、ハイブリットウルフのアシタカ君と担当のシゲちゃん（あらえびすスタッフ）。

フラン病対策
FT-12

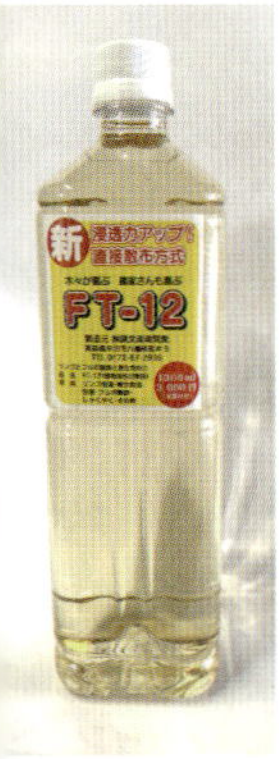

（商品の説明文）
「りんごのガン」とも言われ、治療不可能とされている「フラン病」を。宇宙エネルギー水と微生物の力を借りて、わずか１週間～10日で、元の元気な樹木にしてくれます。

患部にちょっと傷を入れ、シュッシュッと吹きかけるだけ。１週間から10日後は乾いている。

電磁波被曝の実験

電磁波被曝テスト。しっかりと踏ん張ってもらう。彼女は弓道の有段者。横からかなり強く押しても動かなかった。被験者は忠郁美さん（村上市）

スマホを持ってもらって、ちょっとの力（軽い力）で押すと、ヨロヨロとよろめいた。

藤井佳朗先生のおひざもとの JR 元町駅のホームベンチ。転落防止の工夫かな？

メガネが電磁波のアンテナになっている場合がある。「縄文波動問診法」で確認（二人でやれば誰でも確認できる）。

被験者は、久我真凛さん（新潟市）

腐電磁波被曝対策グッズ

縄文キッド・ＳＰ（身の周り５m範囲をゼロ磁場に）携帯用

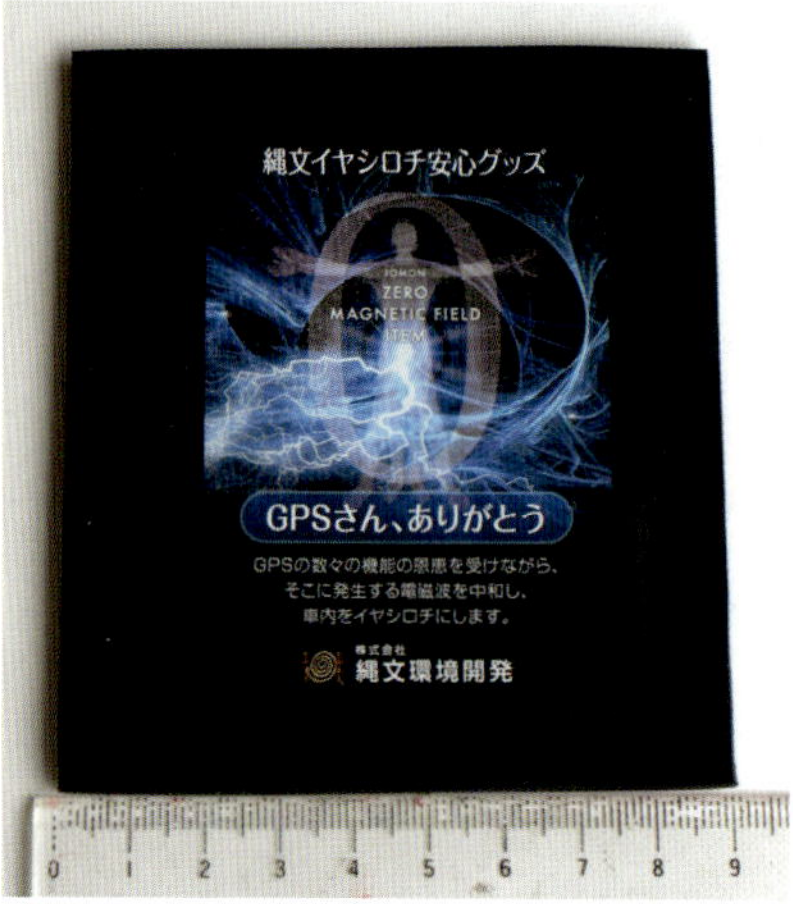

GPS さん、ありがとう（GPS 由来計器満載の車内をゼロ磁場に。疲れにくくなり、眠気も抑えられます）。

縄文イヤシロチカード（スマホ、ダブレット用）

㈱縄文環境開発は水の浄化、樹木の再生、海の磯焼け改善など、オンリーワンの技術を持つ

磯焼け対策作業の効果を地元の役場と小学校が、翌年から児童の環境教育の一環として作業に参加してくれるようになった。

縄文グッズの設置『N-125』の設置例。青森県弘前市の鬼神社。モデルは熊倉祥元氏

はじめに

（津軽弁）

将人

おりゃあ、秋則さん。しさしぶりだなあ。ずんぶ、まみしぐなってらでねなあ。このめえ、じんぶ、へわになったじゃあ。わの本の帯さ、推薦文をかいでけで、おまげに、つうしょっとの写真までのへでもらってよ。、おがげさまで、けっこう、よんでけるふと、よげでよう。

秋則

なもなも。ああいった本、今のよのながが、もっと、もっと、よむふと、ふやさねばまねだねえ。とごろで、まさとさん、あいかわらず、げんきそうだでばあ。

将人

このめよ、しこたま飲んで、おもへしてあったなあ。

秋則
うではよ。わも、しさしぶりに、しこたまのんだね。ガンやってから、飲むの、控えてだもんで。

将人
二次会で、かじまじさ。いったどき、秋則さんが昔バイトしていたてし、あどちさ、つれでいってけだきゃあ。

秋則
うではよ。わもよ、しさしぶりだったね。更地になってまって、あどかだも、ねぐなってなあ。なづかししてあたね！

将人
ところでよお、きょうはよお。

（津軽弁の翻訳は、序章の最初にあります）

津軽弁本気対談の様子
（取材者の声…まるでわからない）

自然栽培で実ったリンゴ

木村将人勉強会の一コマ、「宇宙の法則」とは……

―目　次―

津軽弁本氣対談録　時代を拓《ひら》く

Contents

Prologue 序　章

「自然栽培」と「縄文グッズ（イヤシロチ・グッズ）」

（津軽弁翻訳文）

将人　おやまあ、秋則さん。久しぶりですねえ。ずいぶん元気になってるじゃあ、ないですか。

この前は、ずいぶんお世話になりました。私の本に推薦文を書いてくださって、その上にツーショットの写真まで載せていただいて、おかげさまで、ずいぶんと読んでくれる人が増えてきてましてねえ。

秋則　いえいえ、どういたしまして。あのような本は、今の世の中では、もっともっと読む人を増やさなければだめなんですよ。

ところで、将人さんも相変わらず元気そうですねえ。

将人　この前、しこたまお酒を飲んで、楽しかったねえ。

木村秋則推薦、木村将人著
『全ては、宇宙が教えてくれた』

秋則
そうでしたねえ。私も久しぶりに、しこたま飲んだからねえ。ガンを患ってから、お酒を飲むのを控えていたものですから。

将人
二次会になって、鍛治町に繰り出した時、秋則さんが昔バイトをしていたという跡地に、連れていってくれましたねえ。

秋則
そうだったねえ。私も久しぶりだったんだよ。更地になってしまって、あとかたも無くなってしまっていたなあ。懐かしかったですよ。

将人
ところでですね、今日はね。

（津軽弁の翻訳終わり）

将人
津軽にこんな凄い男がいるのに、ただの変り者としか見られていなかったり、地元で認められていないのは、あまりにももったいない。地元の津軽人はもちろん、全国にいる津軽人に、秋則さんのことを知

MASAHITO; There lives a really great man, named KIMURA AKINORI, in Tsugaru area, Aomori prefecture, Japan. I must introduce AKINORI's great achievements not only to the people of Tsugaru area but also all the people born in Tsugaru area all over the world.

らせたいと思って話を聞きにきました。宜しく頼みます。

秋則　なんも、なんも。将人さんの方が、新しい仕事で全国を飛び回っているわけだから、その話を聞かせてくださいよ。

将人　一昨年、東京で開催された秋則さんの講演会で、秋則さんの時間をもらって話をさせてもらいました。そのときには持参した商品が全て売れ、注文もいただきました。

お陰様で、その後は自分でもビックリするほど新しいアイディアを授かり、口コミで全国的に広がっています。

その話は後に譲るとして、今回、秋則さんとの共著を作るに当たり、再度、手元にある秋則さんの本を八冊ばかり真剣に読み返してみました。

農業の事、経済の事、教育の事、

「木村秋則講演会」（東京銀座）

AKINORI; KIMURA MASATO, you're making business of Anti-electromagnetic waves goods, "UCHU-ENERGY TAI-POWER", aren't you!

MASAHITO; AKINORI knows very well concerning to agriculture, economics, education, the earth, and the will of the universe, etc., and your activity covers overseas.

地球の事、宇宙の意志の事……あらゆることに精通している秋則さんのどでかさが、いやが上にも、押し寄せてまいりました。

改めて「凄いなあ」と思ったわけです。

日本国内のみならず、海外でも大活躍ですね。

秋則

『奇跡のリンゴ』が評判になり、乞われるまま農業指導や講演に回っていたら、世界にも広がっていったんです。

将人

食の問題にしろ、環境の問題にしろ、秋則さんの話を聞きたい、農業指導をしてもらいたいという人が大勢いるんですね。

秋則

休む間もなく要請がくるんです。貧乏のどん底だった津軽の田舎者の百姓の私が、こんなになるとは思ってもいませんでしたよ。

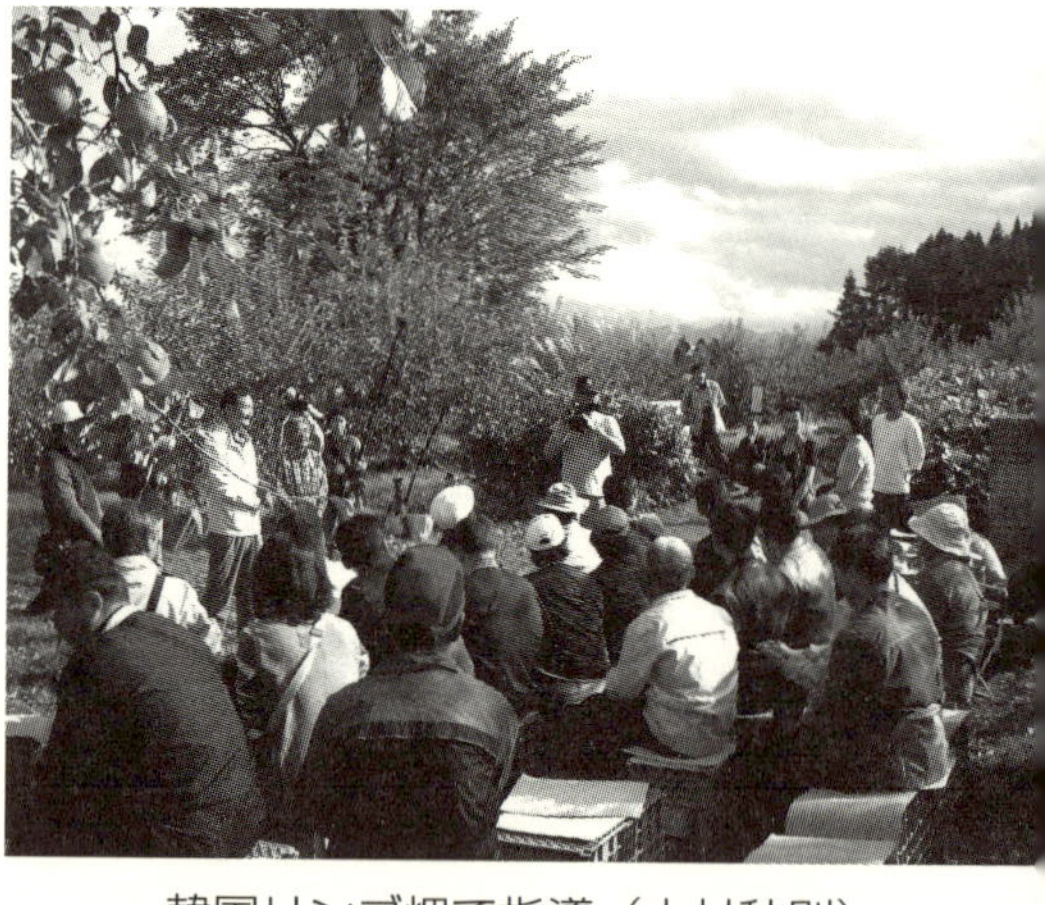

韓国リンゴ畑で指導（木村秋則）

AKINORI; My writings " Miracle Apples" gets a good reputation and I have making efforts to teach SHIZEN-SAIBAI, the natural way of growing through the year. I feel like the will of the universe makes me so, not from my own will.

なんでだと考えると、これはもう私の力じゃない。私は宇宙の采配で動かされていると思うしかないと気づいたんだな。

将人

そういう話を聞くと、最近の私はストーンと腑に落ちるようになりました。

5年前（平成25年）に家内を亡くしてから、宇宙エネルギーの受信装置の役割を持つ「宇宙エネルギー戴パワー」を授かったんです。その商品は「縄文グッズ（イヤシロチ・グッズ）」と称して販売していますが、電磁波被曝障害等に大いに役立っており、何で自分にこんな凄い物が授かったんだろう……そう考えると、これはもう自分の力ではないですよね。私も宇宙に動かされていると思うしかないんです。

宇宙の采配というのは、秋則さんがこの世に何かを果すために奇跡のリンゴを授けられたということですね。

秋則

んだな。奇跡のリンゴが実るまでは、そんなことに気づくはずもなかったけど、今になってみればやはり役割を与えられたと思うんだ。「自然栽培」を通して食の安全はもちろん地球環境改善に努めることが私に与えられた使命のようなんだ。

MASATO; I also feel the will of the universe, after getting “UCHU-ENERGY TAI-POWER”, the universal energetic power.

AKINORI; I believe the reason why I was given the miracle apples is that I’m also given my mission through life to do my best to pursue the safety of the food and to improve the environment of our planet, the earth, by using SHIZEN-SAIBAI.

将人

大きな役割ですね。その基本となる自然栽培ですが、最近は食の安全を求める人が多くなってきて無農薬栽培や有機栽培などが広まっていますが、それと同じような感じを受けます。しかし秋則さんの「自然栽培」は、それとは違うんですね。

秋則

そうなんだ。「自然栽培」という表現は、私の造語でね。私は農薬や肥料を使わずに、生態系を狂わさないで、むしろ活かすことで農作物を育て、農業として経済的にも成り立つことを目指して「自然栽培」と名付けたんだ。

当然のこと、肥料、農薬が登場する以前は、農業とはすべて自然栽培だったはず。そうでしょう。

ですから、「自然栽培」は私が最

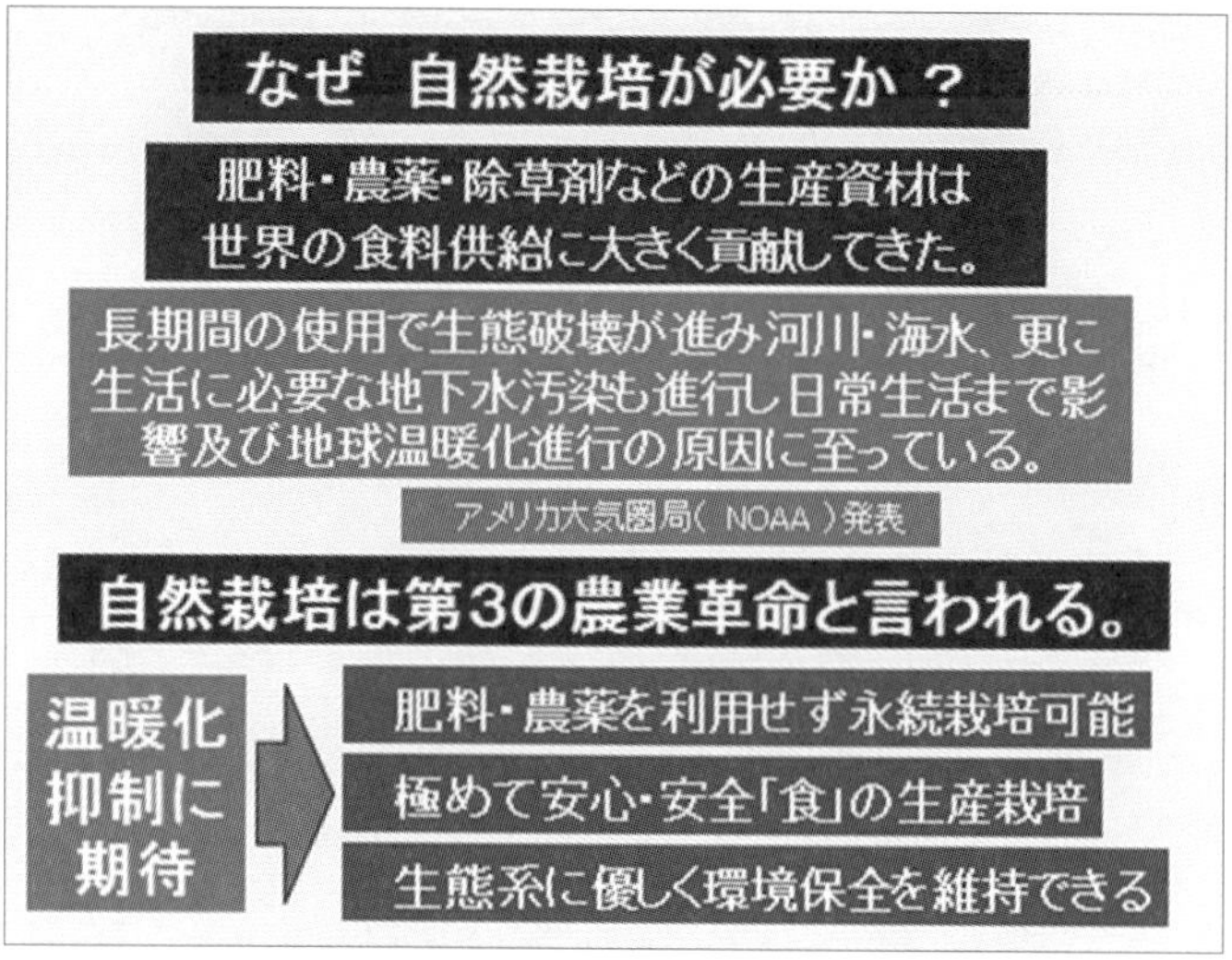

（木村秋則編集のパワーポイントより）

MASATO; AKINORI made the word “SHIZEN-SAIBAI”. It means growing agricultural products with no agrochemicals nor fertilizer. He also pursues business with it, too.

初に始めた栽培法ではないんだな。

それで私は農業指導や講演の際には、自然栽培を行うということは「農業ルネッサンス」だと言っている。「古典的な農業への再生・復興」なんだとね。

将人　なるほど！　ストンと腑に落ちます。「農業ルネッサンス」とは、いいですね。奇跡のリンゴは、リンゴが無農薬、無肥料で実ったというだけではなくて、現代の農業に改革の一石を投じることに繋がっていたというわけですね。

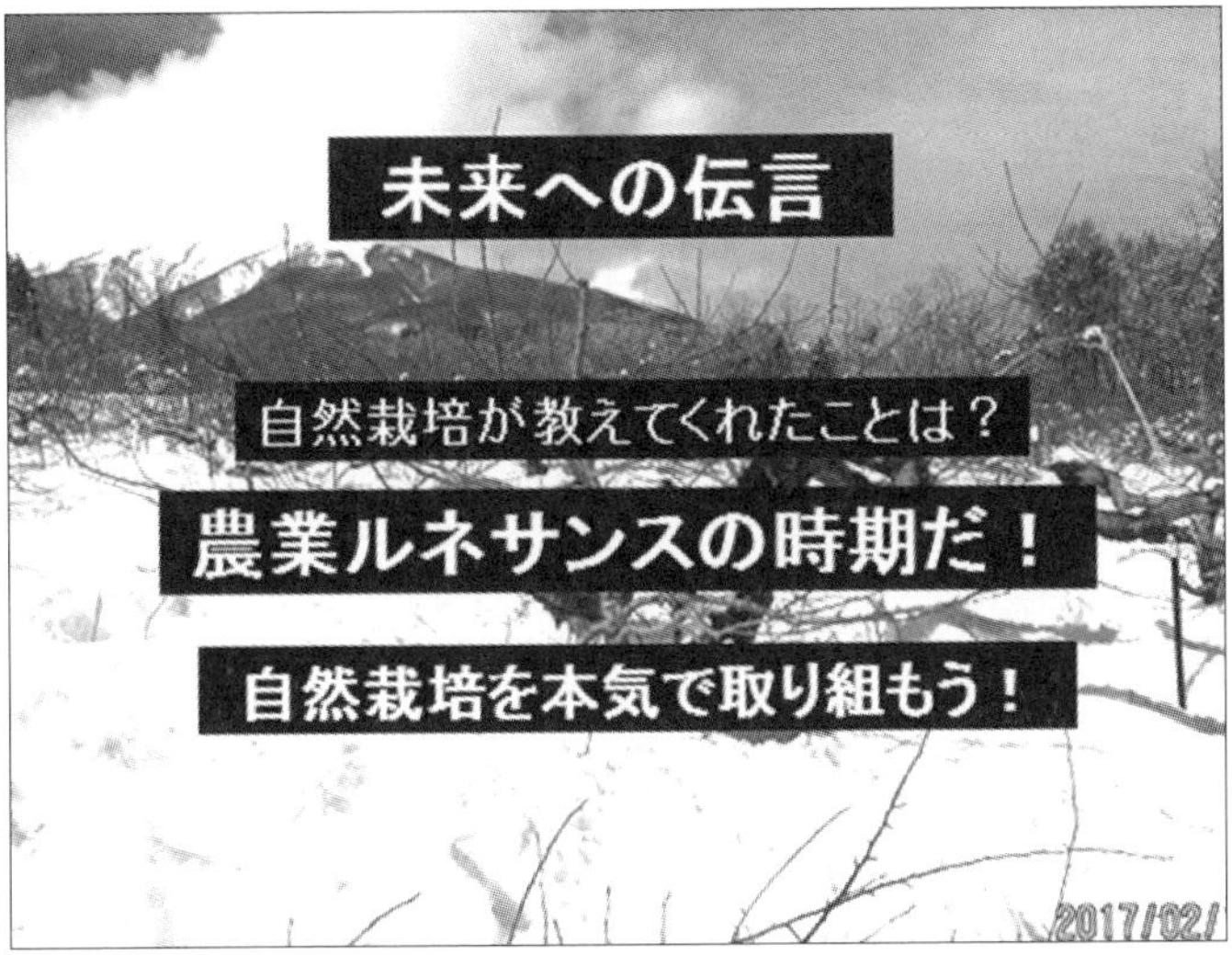
未来への伝言
自然栽培が教えてくれたことは？
農業ルネサンスの時期だ！
自然栽培を本気で取り組もう！
2017/02/

（木村秋則編集のパワーポイントより）

AKINORI; I never create the method, “SHIZEN-SAIBAI”. It is one of the old people’s way of agriculture, and so it is the replaying or rehabilitation. I call the spread of SHIZEN-SAIBAI the Agricultural Renaissance.

それを聞いただけでも、秋則さんには大切な使命があるんだと感じます。

リンゴの無農薬栽培は妻のために挑戦

The challenge of no agricultural chemicals was started for my wife.

支えてくれる人がいた

将人

それにしても、ここに至るまでには本当に苦労されましたね。

秋則

いや、自分では苦労というより性分だと思う。やり始めると、どんどんとのめり込んでしまうんだな。

将人

いやあ、よくわかるなあ、その気持ち。実は私にも似た性分がありますよ。私は中学校の教師をしていましたが、その時に不思議な校医さんと出会ったんです。生徒の健康診断をオーリングテストでやっているというのです。面白いと思ってやり方を教えてもらったのですが、「何回練習をしたら一人でもできるようになりますか」と聞いたら、「10万回」と言われたんです。「よし、分かった。できるようになるまでやるぞ」と思って来る日も来る日も練習しました。

そのお陰で今は、完全に身につき、「縄文グッズ」の商品化もでき

MASATO; I'm a man of single-minded. I really believe it's the reason why I could master "JYOUMON-SHIKI HADO MONSHIN-HOU" and could commercialize "the JOUMON goods".

るようになったのです。
　私は、この性分があって良かったと思っていますが、秋則さんも一途なところがあるんですね。だから今の秋則さんがある。そういう性分で良かったんじゃないですか。

秋則
　子供の頃の話ですが、ラジオが何で鳴るのか不思議でたまらなかった。何でだろうと思っていじっている間に、ラジオを全部分解している。それが親に見つかって、怒られるわ、怒られるわ。だけど、その性分は治らない。何度も似たようなことを繰り返していたな。

将人
　私、教師だったからよくわかるけど、そういう生徒は変わり者扱いですよ。秋則さんも変わり者と言われたでしょうね。

縄文キッド・SP
（小さいけど強力パワーの持ち主）

AKINORI; Understood! I used to study over and over again, when I found something strange in my childhood. My friends made me a fool of strange. I remember one girl in my same grade made me comfortable even if she called me so.

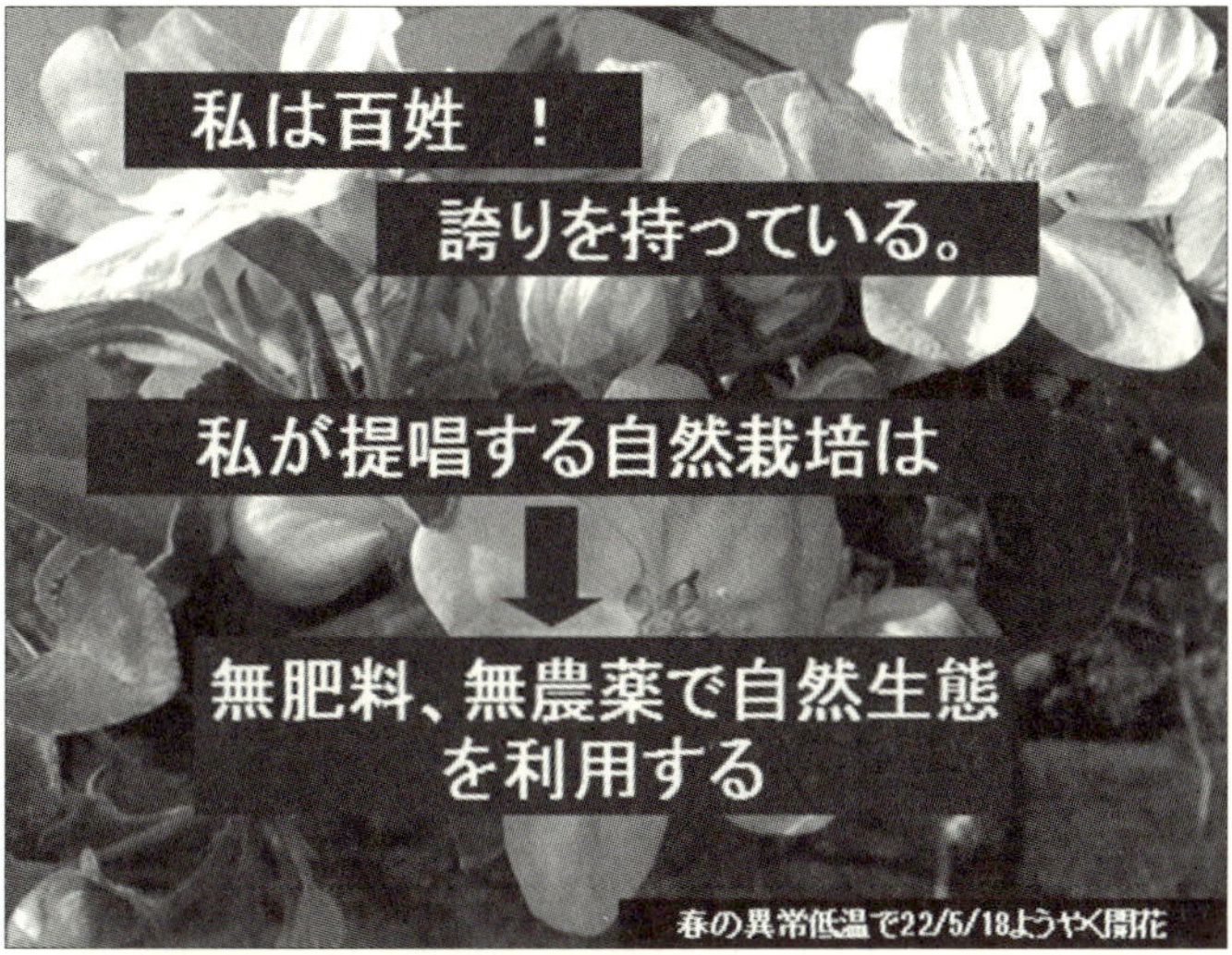

「日立返仁会」講演で使用の１枚
（木村秋則編集のパワーポイントより）

秋則
そうなんだ。どこでも変わり者扱いだった。でも中学生の時、一人だけこんな自分を「バカだな」と言いながら相手にしてくれた女の子がいたんだ。私自身、その子に何度「バカだな」と言われても腹が立たない。むしろ何か心地好い感じがしてたかなあ。

将人
それ、奥さんの美千子さんですね。

秋則
そう、木村美千子。私が生まれた三上家もリンゴ農家で、台風などの被害に遭うと生活が苦しくなるのを見てきた。農薬を撒くのも重労働。自分はサラリーマンになって親を助けようと思って上京し、日立の関連会社に勤めたんだ。

MASATO; AKINORI, you have gone to Tokyo after graduated from a high school to be an office worker. It was because you wanted to help your parents economically. The income of an apple firmer was small, wasn't it!

将人

秋則さんは、高校時代に税理士試験を受けて一科目だけ及ばず不合格だったそうですが、日立の関連会社に勤められたというのは相当頭が良かったんでしょうね。

秋則さんの講演記録を見ていたら、農家の秋則さんが、何で畑違いの大会社である日立のOB会で講演をしているんだろうと思っていたのですが、若い時にそういう関係があったんですね。

秋則

そう、大事にしてもらったし、当時の最先端技術であったＩＢＭのコンピュータも使わせてもらった。いいところに就職できたと思っていたんだ。

ところが、兄が体調を崩したので津軽に帰って農業を手伝えと、父

リンゴ畑

AKINORI; That's right. Unfortunately, my brother came down with an illness, I had to come back to Aomori. I didn't want to throw up my job, because my company was an affiliate of HITACHI corporation, one of big companies in Japan, and treated me very well.

「それは妻への愛でした」

親が迎えに来た。仕方なく辞めざるを得なかったんだ。

将人

それで、一度はやらないと決めたリンゴ栽培を再びやることになったんですね。

秋則

んだな。しばらくして、母を亡くし、父と娘の二人暮らしの家に婿に入らないかという話があった。それで一緒になったのが木村美千子。木村家もリンゴ農家で、私は婿に入って「木村」になったわけよ。

AKINORI; I married when I started my life as an apple firmer. My wife told me she regretted marring me. My family name, at that time, was MIKAMI, after married I joined my wife’s family and changed my family name KIMURA, my wife’s family name.

MASATO; You married your favorite lady, didn’t you!

将人

それもご縁ですね。好きな人と一緒になれたわけですから。

秋則

木村家でリンゴ栽培を始めて、女房が極端な農薬過敏症であることがわかったんだ。義父《おやじ》に「なんとかしなきゃ」と相談しても、「いつもそうなんだ」と諦めていた。我慢してやっていくしかないというわけ。

しかし、我慢と言っても限界があるし、一番切ないのは女房だし、苦しがっている女房を見ている自分も辛い。

「それじゃ農薬を使わなきゃいい」と思って、不可能と言われてきたリンゴの無農薬栽培に挑戦したわけだ。

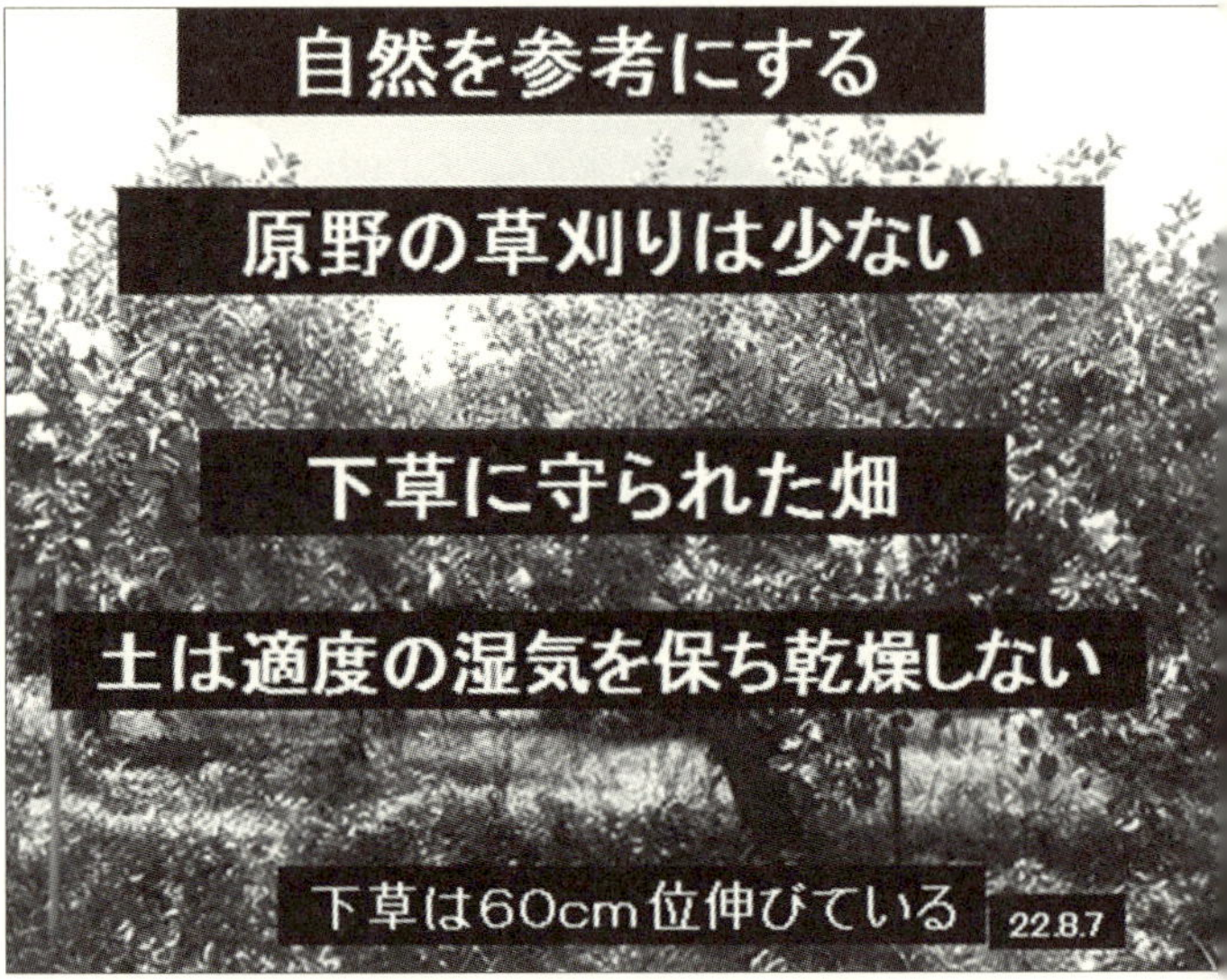

（木村秋則編集のパワーポイントより）

AKINORI; Yes! My lovely wife had an allergy to agrochemicals. I talked with my father-in-law about her allergy, but he accepted her fate as she used to be. So, I began to challenge to grow apples without using agrochemicals for my wife. I tried and tried, however, apple trees were weakened and infested with harmful insects. I spent a lot of money and was deeply in debts. People called me KAMADO-KESHI, KAMADO means the family's kitchen fire and KESHI means a person who put the fire out.

無農薬、無肥料の栽培の出発点は、女房のためだったんだな。だから諦めずにやれたのかもしれないな。

将人

そうですよ。秋則さんの性分に加えて、奥さんのためという気持ちがあって奇跡のリンゴが実ったんですよ。

秋則

その女房には、本当に苦労をかけたよ。最初は私の呼び掛けに賛成してくれた人もいたけど、虫がわく、木が弱るなどで、先の見通しが全く立たないわけ、みんな離れていったんだな。

それだけならまだいいが、お前が農薬を使わないから俺のところまで虫が来る。無農薬栽培などは止めろと言われる。それでも止めなかったら、バカ、気違い扱いにされ、話もしてもらえない。そして金がなくなり借金も重なり、一家を破産させる「かまど消し」と言われるようになったんだな。

無農薬、無肥料でリンゴが実るまで10年かかっているので、その間に子供を3人授かっ

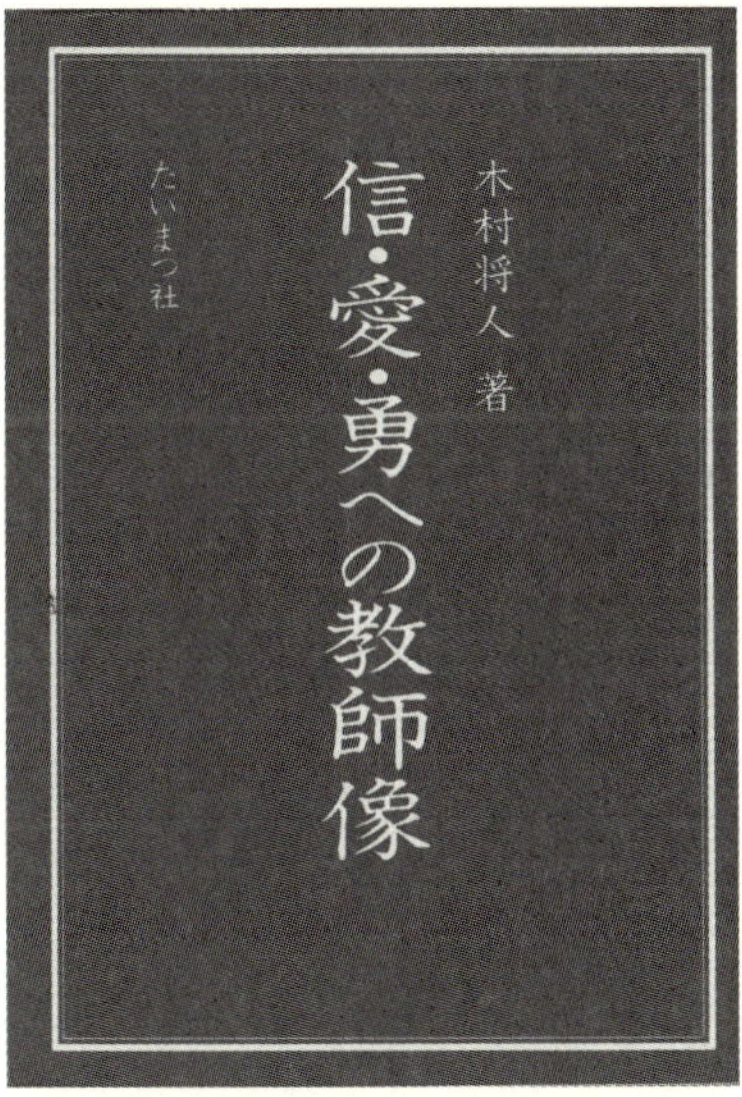

木村将人著『信・愛・勇への教師像』。森信三先生から「津軽が生んだ若き『英豪』である」と推薦の序を頂いている。

MASATO; I've also lost lots of money at first spending in my JYOMON-KAIHATSU Inc… NINOMIYA SONTOKU, an old famous wise man, said, "Any economy without morality is a crime, and morality without economy is nonsense." I just repeated that nonsense over and over again.

たんだが、その子供達にもずいぶん苦労をかけてしまった。申し訳ないと思いながらも、私にとって女房や子供達は、居てくれるだけで大きな励みになっていたなあ。

それに感謝しても感謝しきれない義父《おやじ》の存在が大きいなあ。村の集まりにいくと私のやっていることに非難が集中するわけだ。それでも私のやることを止めろとは言わず応援してくれた。義父《おやじ》がずっと私の防波堤になってくれていたんだ。本当に有り難かった。

将人

津軽の人間として、また私も変り者として見られてきたこともあって、その状況はよく理解できます。自分が苦しいのは当たり前としても、家族に苦難が押し寄せることは辛いですね。でも家族がいたからこそ頑張ることができたわけですよね。

今の話を聞いていて、私も思い出しました。私の家内は私が大学生の時に、後輩が「木村先輩は普通の人は合わないでしょう。ぴったしの人がいる」と言って紹介を受けたのですが、その時彼女は高校生でした。後輩が言うように気に入りました。

卒業して下北半島で国語科の教師になったので、2人は離ればなれになりました。私はもう絶対に離さないという気持ちで、毎日のよう

AKINORI; You have given satisfactory results in purification of water, regeneration of trees and also in saving sea from death of seaweeds.

に手紙を書いていました。
何年かして、結婚で東京から津軽まで来てもらいましたが、私は家庭を顧みず仕事に専念していました。
早期退職で始めた縄文環境開発の会社で、退職金をはじめ貯えも全てを使い果たし、それでも足りなくて知人から借金をして、銀行からはさげすまれ、もうこれ以上貸してくれる人がいないところまで行っていました。

秋則
将人さんもそういう時があったんだなあ。

将人
家内はそれを黙って見守ってくれていました。「この人は私が何を言ってもきかない」と、心の内では私を心配しながら苦しんでいたと思うのです。そんなことを全く気にもせず、私は相変わらず儲け下手のまま仕事をしていたのです。
家内は私にとって「最愛」「最恐」の妻でした。先ほども話しましたが、そんな家内を5年前に亡くし、そのことがきっかけとなって、「宇宙エネルギー戴パワー」を授かったわけです。
なんと、そのお陰で全ての借金を返すことができたのです。

MASATO; My wife has gone to heaven five years ago, and then I was given “UCHU-ENERGY TAI POWER”.

秋則

それは良かったねえ。将人さんは「宇宙エネルギー戴パワー」を授かる前は水の浄化、樹木の再生、海の磯焼け改善など、オンリーワンの技術を持ちながら、サービス的にやっていたからなあ。

将人

全くそうなんです。二宮尊徳翁の言葉に「道徳なき経済は犯罪であり、経済なき道徳は寝言である」というのがありますが、私はずっと寝言をやっていたんですね。

そこから脱することができたのは「宇宙エネルギー戴パワー」を授かったからですが、これは家内の導きではないかと思っています。

秋則さんも、奥さん、子供さん、義父《おやじ》さん、それに、どんなどん底になっても協力を惜しまなかった親友達が大きな支えだったんですね。

商標登録証
(CERTIFICATE OF TRADEMARK REGISTRATION)
登録第５７３２９４１号
(REGISTRATION NUMBER)
商標
(THE MARK)

指定商品又は指定役務並びに商品及び役務の区分
(LIST OF GOODS AND SERVICES)
第１６類　紙類，文房具類，印刷物，書画
商標権者　青森県平川市八幡崎宮本８８
(OWNER OF THE TRADEMARK RIGHT)
木村　将人
出願番号　商願２０１４－０６９６７４
(APPLICATION NUMBER)
出願日　平成２６年　８月　６日(August 6,2014)
(FILING DATE)
登録日　平成２７年　１月１６日(January 16,2015)
(REGISTRATION DATE)
この商標は、登録するものと確定し、商標原簿に登録されたことを証する。
(THIS IS TO CERTIFY THAT THE TRADEMARK IS REGISTERED ON THE REGISTER OF THE JAPAN PATENT OFFICE.)
平成２７年　１月１６日(January 16,2015)
特許庁長官
(COMMISSIONER, JAPAN PATENT OFFICE)
伊藤　仁

「宇宙エネルギー戴パワー」商標登録証

The truth is where we can't see.

真実は、目に見えないところにある

電磁波被曝障害解消のイヤシロチ・グッズ

秋則

そうなんだな。しかし5年も6年も無農薬栽培に挑戦していても先が見えないわけよ。やっぱり自分は単なるバカなのかと思い、死んでお詫びしようと思って岩木山に行ったんだ。不思議だね。悩みがいっぱいあるのに死ぬ気になったら気持ちが凄く楽になった。

そして桜の木にロープをかけて首を括ろうとしたのに、足が土に着いて失敗したんだ。次に近くのどんぐりの木を選び、ロープを投げたら、手を離れて雑草の中に消えたんだ。どこまで自分はどじかと思ったけど、その時、目の先にとても元気などんぐりの木が見えたんだ。近くに駆けよってみると虫もほとんどついていない。草も生えている。そこで初めて自分の畑の土と山の土の違いに気づいたんだな。

そこからなんだよ、本当の意味での無農薬、無肥料の挑戦が始まったのは。

AKINORI; One day I went and climbed up Mt. Iwaki to die because I could not challenge by myself, putting a lot of troubles on my wife, our four children and my father-in-law. When I failed in hanging myself, I saw a good acorn tree. Watching carefully, I could find few insects. There were many weeds, and the acorn tree was very fine. Then, for the first time I could understand the difference of the soil between my farm and the natural mountain. From that time on, my challenge of agriculture without using agrochemicals and artificial fertilizer has begun.

将人

普段、リンゴの木を目にしていても土の中まで思いが至らなかったのに、山の土を手にして土の命を感じたんですね。それは、心身ともに極限まで追い詰められたことで、宇宙の営みを感じやすい状態になっていたという事なんでしょうね。

秋則

いま考えると不思議な出来事なんだ。

おそらく、私を見ていた宇宙（人）が「秋則も相当苦労して頑張ってきたので、そろそろ宇宙の働きの真実を知らせてもいいだろう」と、目に見えない土の中の命の営みについて、気づかせてくれたんだと思うんだ。

私は直接目で見える地上の姿だけを見て実験を繰り返していたんだ

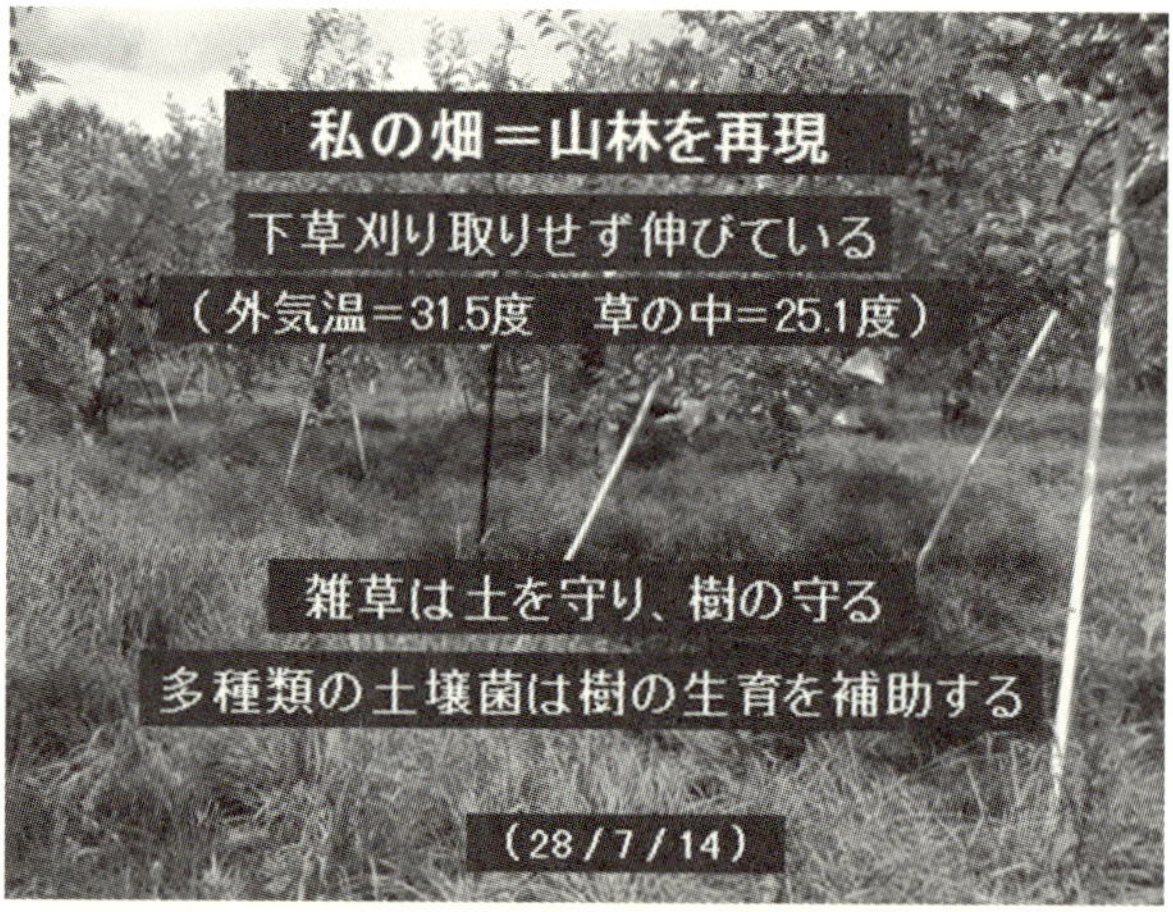
私の畑＝山林を再現
下草刈り取りせず伸びている
（外気温＝31.5度　草の中＝25.1度）
雑草は土を守り、樹の守る
多種類の土壌菌は樹の生育を補助する
（28/7/14）

（木村秋則編集のパワーポイントより）

MASATO; It’s very wonderful for you to find out the difference.

AKINORI; I don’t think I found it out. I believe some superpower led me to understand the truth of the soil’s workings. Until then I just watched the surface of the soil, not the soil itself, and repeated the same mistakes over and over again.

な。そこから山の土を手にして、真実は、目に見えないところにあるということに気づかせてもらったわけよ。本当に有り難かった。

そこから私の百姓人生は大きく変わったんだな。目に見えないところに目を向ける心を持つことが、奇跡を起こすんだと。

先ほど宇宙の采配と話したけど、宇宙の意志のあやつり人形のようなものなんだなあ。

将人

宇宙の意志のあやつり人形ですか。

実はいま、私も全くそうだと思っているんです。

そういえば、月刊誌『致知』の2018年7月号に「道なき所に道をつくる」と題して、小西忠禮氏（関西シエフ同友会会長・ホザナ幼稚園理事長）と秋則さんが対談をしていますね。その中で小西氏が「神様っていたずらだよね。耐える人には試練を与える。小西さんもそうだったでしょう」と秋則さんの言葉を紹介しています。

これを読んで、これぞ秋則さんの実感なんだと思いました。

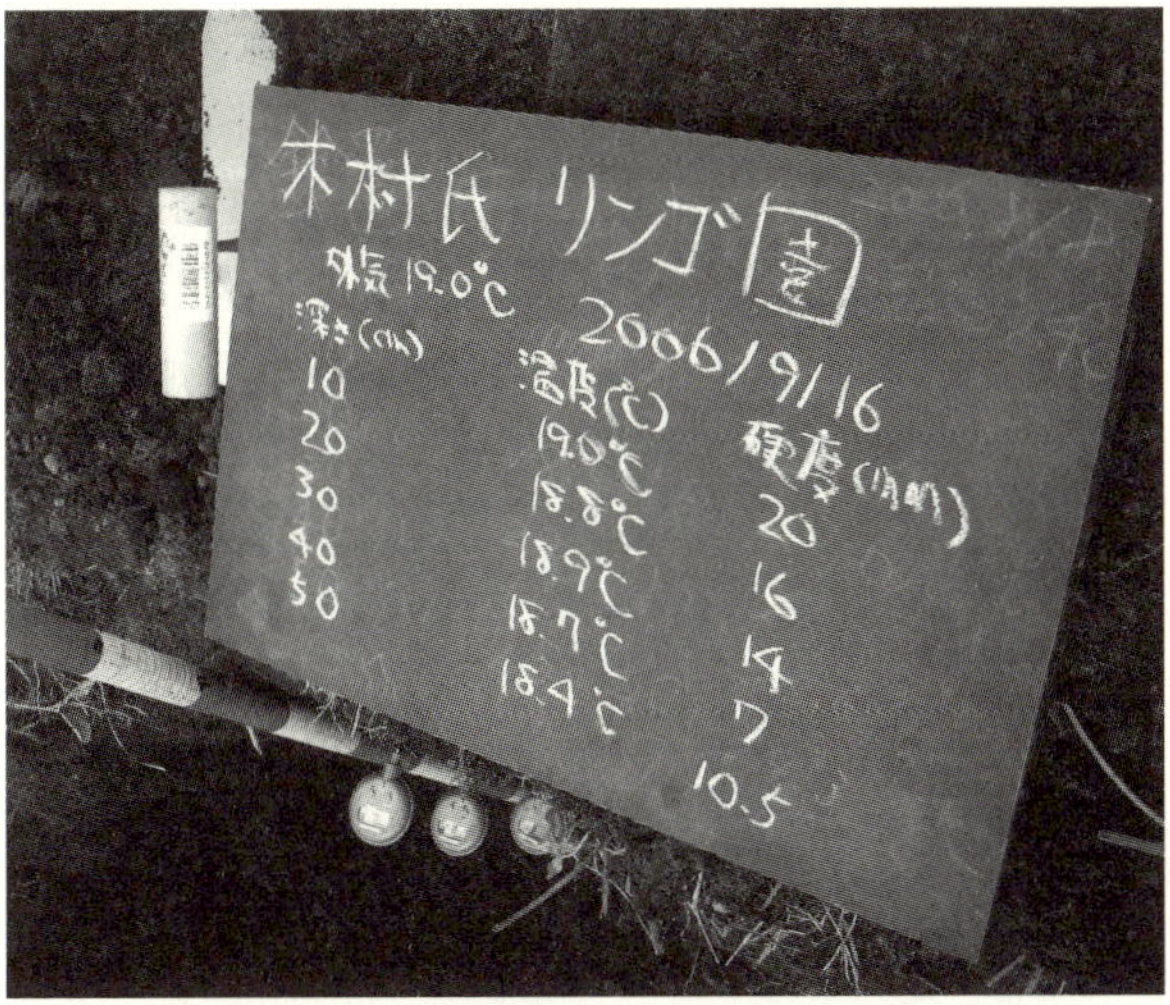

草が生えている私（秋則）の畑では地表と地中の温度差がほとんどない。

リンゴが実るまでと、その後の秋則さんの活躍を考えると、そうとしか思えません。神様が秋則さんを見ていて、この人なら大丈夫だと思って試練を与えたんですね。やっぱり秋則さんは選ばれているんですよ。

秋則

岩木山に登って目の前に輝くように見えたどんぐりの木は、最初リンゴの木に見えたんだな。自分がその場所を目指して行ったわけでないのに、私の人生を変える木があった。なんでそこに行ったんだろうと思うと、やっぱり操られて行っているんだな。

将人

そういうことですね。導かれて行ったとしか思えませんものね。

私の方も、「宇宙エネルギー載パワー」の話をしましたが、まさに操られて授かったという感じなんです。

それがどんなものか、少し説明させてください。

人類は科学技術の進歩で、随分と恩恵を受けてきました。中でも電気を使う商品は現代社会の日常生活で無くてはならない存在になっています。

その一方で、電化製品から発する電磁波によって体に異常をきたす

岩木山

MASATO; You mentioned that God was sometimes tricky and put a hard test on the person who could bear up the hardship. It must come from your experience.

AKINORI; Yes, you are right. I may be a puppet of the will of universe.

人も、多く出てきました。その電磁波被曝障害を解消してくれるのが、このイヤシロチ・グッズなんです。

便利な電化製品を、電磁波が心配だと嫌うのではなく、その恩恵を100％いただいて、そこから出てくるマイナス波動を中和して100％プラス波動に変えて、その場をイヤシロチ化してくれるというものです。

携帯電話やスマホを持っているだけでも手がビリビリするという人もいます。その防止にも役立っています。さらには、マンションなどの居住空間全体や、敷地建物全体を中和することによって、いろんな医者へ行っても、どうもパッとしない人たちの心身の不調和が元に戻ったという人が続出しているのですよ。

秋則

それはまた、宇宙からとんでもない技術を授かったもんですね。

将人

そうなんです。でも私が発明したわけでもなく、発見したわけでもなく、思い出したように次々と形になっていくのです。それが留まることなく続いています。

MASATO; I have the same feeling. I develop anti-electromagnetic wave goods. All of convenient home electrical appliances put out electromagnetic waves and harm the users' health. These goods save them preventing from electromagnetic waves.

秋則
私もそういう体験を何度もしているので、よくわかるなあ。
いま科学技術の進歩についての話がありましたが、私も同じような考えで「自然栽培」を推進しているんだ。
科学技術は人類にいろんな貢献をしてきた。農業においては、生産量を増やし、重労働だった農作業をどれだけ楽にしてくれたことか。それを考えたら、とても慣行農業を否定はできないんだなあ。時代の要請で必要だったと思うからね。
しかし、それを長年続けてきたことで、農薬を撒き過ぎ、肥料を与え過ぎ、土づくりの役割を果たす草を刈り過ぎて、土の中で何が起きていたのかを見てこなかったんだな。

将人
それらが自然災害や作物にも影響してきたということですね。

秋則
そうです。私は百姓ですから人の命に関わる食べ物や、人が暮らす大切な地球を守るために、農業を根本から見直す必要があると思って、自然栽培の普及に努めているわけです。

AKINORI; The progress of the scientific technology has been contributed to the agricultural field. For a long time, we owe much to the agricultural chemicals, fertilizer and cultivation. As a result, the soil has lost its own natural and original power. And, we have polluted the soil, the water and the air. Now is the time for us to reconsider agriculture itself basically from the point of food safety and environment of the earth because it’s the matter of our life.

MASATO; The lesion of electromagnetic waves must be the same matter of life. So, I have held the class to learn all over Japan subjecting to save our lives by ourselves.

木村将人「自分の命は、自分で守る」勉強会。
電磁波被曝障害問題や「縄文式波動問診法」
（ひとりオーリングテスト）を学ぶ。

将人

人の命に関わる食べ物や環境の話をされましたが、電磁波被曝障害も、まさに命に関わる問題として捉えなければと思っています。

昨年（平成29年7月）、『全ては、宇宙が教えてくれた』（高木書房）を上梓しました。どんな経緯で私が「宇宙エネルギー戴パワー」を授かったのか、それに関する商品（縄文グッズ）や「縄文式波動問診法」（ひとりオーリングテストのことですが、一般化して使えないということなので私のやり方として命名しました）などを書いています。

それを読んだ人から、商品（縄文グッズ）や「縄文式波動問診法」についてもっと詳しく知りたいという声が出てきたんです。

それで今は全国各地で勉強会を開いています。

その時のテーマは「自分の命は、自分で守る時代の生き方技術」というのです。

あれが悪い、これは悪いと批判していても何の解決にもならないと思うからです。

AKINORI; The basic spirit of agriculture is the same, “save your life by yourself”.

MASATO; They learn “JYOUMON-SHIKI HADO MONSHIN-HOU”; ”O-ring” and the goods for anti-electromagnetic waves. The contents of the study cannot be seen, so I’m making some typical efforts to understand easier.

AKINORI; How?

秋則

その通りだな。「自分の命は、自分で守る」は、農業をやる者にとっても忘れてはならない基本だべ。縄文グッズもそうだと思うけど、自然栽培も無農薬、無肥料で出来るってことを心の底から信じないと本気になって出来ないんだよな。

将人

自然栽培で大事なのは、目に見えない土の中のことを考えて農業改革をすることだと思いますが、縄文グッズも目に見えない世界の話なので、勉強会では「本当かな」と疑って話を聞く人がいます。

そこで私は、ある実験をします。

その人を前に呼んで「皆さん、『氣』を見たことはありますか。氣を信じる人でも見たことはないと思います。それではこれから気があることを皆さんに見てもらいます」と説明して、腕を伸ばしたまま90

農業も「自分の命は、自分で守る」は基本

MASATO; At first, I teach them how to feel the existence of “KI”, the invisible living-power from yourself inside. Raise arms straight to the height of your shoulders. You can easily bend arms from the elbows at this time. Then, when I say,” Imagine you have huge energy from inside of your body”, then you cannot bend your arms. Once you have a such experience, you can believe the existence of “KI”. FUJIHIRA KOUICHI, a master of AIKI-DO, a martial art developed in Japan taught me the skill.

度に上げてもらいます。

「腕に力を入れないで、伸ばしたままにしてください」と言って、私がその腕を曲げると、肘から簡単に曲がります。

「それでは今度は、腕に力を入れないで、丹田にある、もの凄いエネルギーが、手の先を通って宇宙の果てまで気が飛んでいると思ってください。思うだけですよ。腕に力は入れません」と言って腕を曲げようとします。しかし今度は曲がらない。

思っただけで、気持ちの持ち方で、これだけの違いが出ます。気があるという証明になるわけです。いまの「キ」の文字は「気」の中に「メ（止める）」を書きますが、キは止めてはいけないのです。ですから「キ」に関心のある人は旧字の氣を書きますね。

これを体験すると半信半疑の人もガラッと変わります。

秋則

それは面白い実験ですね。そしてわかり易い。凄いことができるんですね。

自分の身体の中の氣のエネルギーが、指先からほと走り出るとイメージすると、全く力を入れていない腕が、どんなに強い力でも曲がらなくなります。これが「氣が出ている」状態です。
被験者は髙橋美紀子さん（黒石市）

将人
若い頃に、藤平光一さんという合気道の達人の先生から習ったんです。

秋則
それを身につけたことが将人さんの素晴らしいことだね。それも将人さんの一途な性分が関係しているんだね。

将人
そうなんです。依怙地《いこじ》のところがあり、一度決めたら曲げない面があるのです。小学校2年生のときに母を亡くしたのが大きな要因だと思います。母を亡くした辛さから「他人に俺の気持ちがわかるもんか」とずっと思っていたんです。
しかしそれが幸いしたんでしょうか。それとも、もともと依怙地だったのか、やり出したらやり通すのです。そうやって身につけたことが今になって全部生きてきているのです。その時は、そんなこと思いもつきませんでしたがね。

秋則
小学校2年生でお母さんを亡くされ、辛かったですね。そしてそのことが将人さんの人生を作ってきたとも言えるね。
いま話を聞きながら、人生はやっぱりコツコツだな。それができる

AKINORI; Listening what you say, I think I'm shown the unseen soil-world as the visible Miracle Apples.

MASATO; My mother has gone to heaven when I was the second grade of elementary school. And I got stubborn. I think it was good for me. Thanks to that, it led me a single-minded person, I believe, AKINORI, I think you're also single-minded and was given miracle apples. How did you feel the taste when you ate the apple for the first time?

将人さんは素晴らしい。

また目に見えないものを見えるようにする工夫を聞いて、そうか「奇跡のリンゴ」は、目に見えない土の世界を、目で見える形で見せているんだなって思ったなあ。

将人

そうですね。「奇跡のリンゴ」が、見えない世界を見える証拠として実っているとも言えますね。

秋則さんは、よくぞ実るまで耐えたと思います。

実ったリンゴを初めて口にしたときはどうでしたか。

秋則

うんめかった。家族みんなが本当に喜んでくれたんだ。

子供が「うちはリンゴ農家だけど、うちのリンゴを食べたことはありません」なんて作文に書いていたんだ。実って本当に良かったと思ったなあ。

将人

子供さんも辛抱していたんですね。本当に、本当に頑張りましたね。

リンゴ「うんめかった」よ

AKINORI; Very, very tasty. All the family was pleased with the taste.

秋則さんに比べると私なんかは、何の苦労もなく「宇宙エネルギー戴パワー」を授かったので、その分、伝える方に頑張れということだと思っています。

しかし、その過程でいろんな学びがあり、何より楽しいのです。楽しいと言えば、勉強会が終わってからの懇親会が面白いのです。「縄文式波動問診法」は、聞いたことに何でも「イエス」か「ノー」と答えを出してくれますので、皆さんの質問に答えているんです。

自分の悩みを口で言う必要はないのです。自分の掌《てのひら》に、想いを乗せるだけです。最初は遠慮していた人も聞いてくるようになります。「エッ」とか「オー」とか、笑顔になったり、「そうか」と言ったり、答えを聞いて最終的には皆さんなりに納得しているようです。日を変えて、個人的に相談したいなんて人もいるんですよ。

秋則

それは楽しそうだね。1回の勉強会でそこまでいくなんて、将人さんが信頼されている証拠だな。

将人

勉強会は参加者の方々からご自分の体験も聞けますので、1回、1回が勉強になるんです。本を作って本当に良かったと思っています。

MASATO; In my seminar of “JYOUMON-SHIKI HADO MONSHIN-HOU”, I always have enough time to answer any questions. The participants give me a good reputation.

"JYOUMON-SHIKI HADO MONSHIN-HOU", O-RING

「縄文式波動問診法」は鬼に金棒

師匠から破門されたはずの僧籍が復帰に

秋則　ところで、将人さんが出した本『全ては、宇宙が教えてくれた』の、第2部、あれには、感動したなあ。

将人　熊倉祥元さんとの、メール対談ですね。

秋則　そうそう。しかしまあ、世の中には凄い人もおられるもんですねえ。

将人　あの第2部の内容は、実は、本の出版までは誰にも言っていないことなんですよ。ごく親しい友人にも。

秋則　それはまた、何でですか。

AKINORI; I was deeply impressed in your book. Especially the second part of "The Universe taught me everything.".

将人
あまりにも荒唐無稽な話だと、無視されたり、反発されたりするのが煩わしいから。

秋則
わかるなあ、その気持ち、私も、さんざん言われてきましたからね。地元では、未だに相手にしてくれない人の方が多いですからねえ。ところで、そういう事情があるのに、本に書いたのは、どういういきさつがあったのですか。

将人
私はあの本に書きましたけど、何かあるときには「縄文式波動問診法」で、いつも宇宙の意志にお聞きしているのですよ。宇宙の意志は、お聞きすれば「イエス」か「ノー」で即座に応えてくれます。それで、こういう事を公にしてもいいですかと何回聞いてもいつも、「ノー」だったのが、一昨年（２０１６年）の秋ごろに、初めて「イエス」となったのです。それで、高木書房の斎藤さんにご相談して、出版という形で公にしようと思ったんです。

秋則
そういうわけがあったんですか。ところで、熊倉さんは師匠から破

MASATO; Thank you. It’s so unfounded that I couldn’t decide to contain that part just before the publication yet. I asked if I could make “JYOUMON-SHIKI HADO MONSHIN-HOU” open to the world or not, the answer was always “NO”. But at that time, I could finally get the answer “YES” just before the publication.

門されたと、最後の方に書かれていましたが、今は、どうしておられるのですか。

将人

それが面白い話になっているんですよ。詳しいことは省きますが、僧籍に復帰して、今まで以上に張り切ってニューヨークで頑張っています。そして、そのきっかけになったのが、この本だというのです。熊倉さんは除籍された理由が何もわからず、本部に問い合わせしたそうです。その時に「私はこういう本に、こういう立場で載っています」と示したのだそうです。本部の方では、びっくりしていろいろ調べた結果、何かの手違いがあったようだから、元のように戻しますという事になったという事でしたよ。

秋則

どこの世界にもあるような、内部事情、っていうやつかな。

将人

どうも、そうらしいですけど、その後熊倉さんは3度も来日されているんですよ、その都度、私は東京に会いに行ったし、1度は津軽まで来て下さったんです。

AKINORI; You wrote in the book Mr. Kumakura was excommunicated by his master. How’s he doing now?

MASATO; Mr. Kumakura asked the head office why he was excommunicated because he couldn’t understand. Then, he explained about the time when he wrote it in this book. The head office checked it again, and told someone made a mistake, and he came back to be a Buddhist priest.

秋則
そうだったんですか。私もお会いしたい方だなあ。
将人
次の機会にはぜひとも実現させますよ。楽しい話がたくさん出るでしょうからねえ。
秋則
それは、また、楽しみが1つ増えたなあ、あっはっは。

熊倉祥元氏
（911 同時多発テロ犠牲者
七回忌法要・アメリカにて）

AKINORI; I appreciate that. I want to see him.

MASATO; Okay, I'll do it for you. Please look forward to see him.

着衣と仏像が届いた

ダライ・ラマ法王に謁見《えっけん》

The Dalai Lama sent me a statue of Buddha and a Buddhist uniform.

将人
ご家族のご苦労といえば、奥様が体を壊して大変だったですね。心配だったと思いますが、元気になられて良かったですね。

秋則
なによりもそれが気がかりだったんだな。女房は仕事の上でも重要なパートナーだったので、私には絶対に必要な人なんだ。リンゴが売れるようになって発送の仕事も増え、それも全部女房にまかせていたんだな。

体調が悪いのは少し前兆があったが、まさか倒れるとは。2010年だった。倒れた時は本当に驚いた。その時私は、お世話になった人のお別れの会があって鹿児島にいたんだな。3女の文美からの電話で知ったんだ。

翌々日、福岡で講演があり、それはキャンセルできない。それで、

MASATO; You have seen the Dalai Lama fourteenth, haven’t you?

すぐに青森まで戻って病院に行ったんだが、脳卒中ということで意識はなかったね。

欠かせない講演があると医師に告げると、「血圧も下がってきており、娘さんたちもいるし、明日、明後日は大丈夫でしょう」ということで、福岡に戻り役目を果たし、翌日すぐに病院に戻ったんだ。

それからずっと、早く元気になって、また、一緒に出かけられるようになることを願っていた。

ダライ・ラマ法王に謁見

将人
それはそうと、奥様の所に行ったときに見たんですが、お部屋にダライ・ラマ法王14世と並んで写っている写真がありました。お会いになっているんですね。

秋則
ダライ・ラマ法王に謁見《えっけん》できたのは、大阪の清風中学・清風高校

AKINORI; Thanks to the Seifu Junior High and High School, I could see him in Nov. 10th, 2016. Teachers of the school understand well my SHIZEN-SAIBAI method.
I explained to him about what I have been doing in the agriculture, taking advantage of an ecosystem, SHIZEN-SAIBAI, the natural way of growing, I presented my apples and he was pleased with them.

さんのご縁で２０１６年11月10日に実現したんだな。次女の江利も一緒だった。

地球の平和を切に願われている法王は、食べ物もそれに大きく影響していると考えておられ、私が取り組んでいる化学物質を使わない環境保全にも有効な自然栽培を評価して下さいました。

ですから、なぜ私が、生態系を生かして農作物を育てる自然栽培を広めているか、率直に話ができたんだな。

私が栽培したリンゴも食べていただき、喜んでもらえたことは嬉しかったなあ。

将人

まず私などはもちろん、普通の人たちは絶対にお会いできない、ダライ・ラマ法王とお話しができたというのは凄いことで、貴重な時間を過ごされたわけですね。

秋則

本当に有り難い時間だった。

自然栽培の目的の1つは、地球を修復したいという強い思いが私にはある。

そのことと、肥料や農薬によって、土が汚れ、川が汚れ、海が汚れ、

AKINORI; He's always been praying for world peace. He gave my SHIZEN-SAIBAI method without using chemicals high valuation as it is very useful for the safety of food and for the preservation of the environment.

その結果、温暖化が進んでいること。
　その解決方法はいろいろあると思うけど、私は、肥料・農薬・除草剤を使わない農業を広げることで温暖化に歯止めをかけたいと奔走しているとも話したんだな。

将人
　法王は、そういう取り組みについても、すでにご存じだったんですね。

秋則
　そのようだった。そして、そうした取り組みに対して、「素晴らしい取り組みですね」とお褒めいただいたんだ。
　それと、自然栽培に取り組む生産者への経営的配慮の必要性と、長い目で見た人の健康と地球環境の回復に資する意味での「利益」について、公の場で、国際的な場で広めていくといいでしょうと提言もいただいたんだ。
　インドでも無農薬の農業をやっているそうです。

将人
　そこまで話がいくなんて、お2人は出逢うべくして出逢ったとしか言いようがないですね。

I must say you both are destined to meet each other.

秋則　謁見の後に、法王より仏像が送られてきたんですよ。

ダライ・ラマ法王から送られて来たお釈迦さま像

（津軽弁）

秋則　ところでよ。ダライラマがら、仏像と一緒に、あらあ、いつも、ダライラマ着てる、なんてしだば、着物みたいな・・・

将人　袈裟ってしでねな。

秋則　おおよ、それそれ。それも、一緒に、おぐられで、きたんじ。

将人　なんどぉ、そりゃあ、たいしたもんだ！

秋則　わぁよぉ、あれ着て、このへん、あさげば、なんて、しゃべらえるべなあ。あっはっは。

将人　やっぱり、あれぁ、ばがこだって、がぁ。

秋則　あっは、あっはっは。

（津軽弁終わり）

（津軽弁翻訳）

秋則　ところで、ですね、ダライ・ラマさんから、仏像と一緒に、あれ、なんて言ったっけねえ、いつもダライ・ラマが着ている…。なんていうのかなあ、着物みたいな……。

将人　袈《け》裟《さ》って、言うんじゃないの。

秋則　そうよ！、それ、それ。その袈裟も一緒に送られてきたんだ。

将人　なんですって！　それは、それは、大したものですね。

秋則　私がねえ、あれを着て、この辺を歩けば、世間の人は、なんて言うかなあ。あっはっは。

将人　やっぱり、あの人は、トンデモナイ、バカな男だ！って言われるはずですねえ。

秋則　あっはっは。

ドイツの政府高官とゲーテの日記

「ここに草を生やしなさい、大豆をまきなさい」

A German high administration and the Diary of Goethe

将人
外国へは何ヵ国くらい行っているんですか。

秋則
数ヵ国くらいは、あるんじゃないかなあ。外国を回って感じるのは、自然栽培に非常に関心が高いということだな。

日本も、もっと頑張らなければ遅れてしまうと思っている。

私は日本の農業は素晴らしいと思うし、私自身、農業に誇りを持っているんだ。だからこそ農業ルネッサンスを推進しているわけよ。

将人
外国の話をすれば、ドイツの政府高官とも交流があるそうですね。

秋則
ドイツで、私の友人が作っている日本茶のPRに行った時の話だな。

「ジャパニーズグリーンティー、ノーケミカル」ってしゃべったわけ。

MASATO; How many foreign countries have you been visited?

AKINORI; Maybe 80 or so. I feel many foreign people are interested in SHIZEN-SAIBAI very much. Once I went to Germany to present and sell Japanese Tea, I shouted to the business visitors in a loud voice," Please have a drink of Japanese Green Tea. Chemical-free!". A German high rank officer came up to me and drank a cup of Japanese Green Tea. I was so pleased with him.

じゃがいもの切り口を下にしたものと、上にしたものとの違い（木村秋則編集のパワーポイントより）

会場にいた外人（ドイツ人）に、試飲をしてもらおうと思って「日本茶です」と声をかけたんだけど、誰も相手にしてくれないんだ。

するど会場の奥から日本語で「私、いただくわ」と女の人の声が聞こえたわけ。それがドイツの政府高官だったの。

それがご縁で、ドイツでも農業指導をするようになったんだな。

将人 じゃがいもの植え方も、各国へ指導したんですね。そして、韓国からは勲章を貰っているんですね。凄いことじゃないですか。

秋則 じゃがいもの植え方は、ヨーロッパでも日本でも、切り口を下に向

MASATO; You also taught how to grow potatoes in SHIZEN-SAIBAY, didn’t you?

けて植える方法を、４００年間も続けて来たんだな、

４００年間もだよ！

私はそれを、逆さまにして植えてみたのよ。そうすると、根っこがU字型に上に延びるわけ。そうして、芋は下や横に着くの。

だから、土寄せをしなくて済むわけだな。

ドイツでは、その土寄せの作業だけで1ヶ月もかかっていたんだって。なにせ、千町歩もあるんだから。

大きな手間が省けて大変助かったと感謝されましたね。

将人

ドイツや韓国、その他の外国の人たちは、すぐに秋則さんの技術を活かしていますが、地元の日本では、どうなんですか。

秋則

最初のころは全くダメだったね。でも、関東から西の方では、私の農法を信じて取り組んでくれる人たちがずいぶんと増えて来たな。

ドイツにて地中の温度を測定（温度差を確認）

AKINORI; They had kept the old way of growing continuing for four hundred years until then. That was the way of putting the cut-side down on the soil. But I suggested then to put the cut-side up on the soil. They tried it immediately, and they could reduce some works, having more harvest than the old way of growing. They rejoiced from the bottom of their heart.

全く相手にしてくれなかった農協も、少しずつ協力してくれるところも出てきたので有り難いと思っているんだ。

地域的に言うと、東京から北の青森までは、まだまだこれからだな。特に青森県は、私の話を聞いてくれたり、本を買ってくれる人はほんの一部だと思うよ。

将人

棟方志功や太宰治もそうだったけど、津軽の人は、地元でどえらいことをしている人を、素直に認めたがらない気質がありますからね。でも、今までこれだけ外国の人たちまでも認めてくれているんだから、間もなく国内でも、県内でも認めてくれる人は増えてくるんじゃないですか。

秋則

そうなるように願っている。私のためじゃない。地球全体のためにね。

そうそう、ドイツでは我が意を得たりの出来事があったんだ。

私の講演を聞いたゲーテ博物館の館長から声がかかり、今までは誰

ドイツ国内の教会の前で

にも公開していないというゲーテの日記を見せてもらったんだな。なんとゲーテは、日記に「ここに草を生やしなさい、大豆をまきなさい」と書いている。

そして「あなたの言っていることはゲーテと同じなんです」というわけよ。時代を越え、場所を越えて、嬉しかったね。

私のやっている自然栽培は、雑草等で土壌を改善し、その後で大豆や麦、野菜を並行して植え付ける。ゲーテが見ていたシチリアの農民は、これを4年のサイクルで栽培しているようなんだ。

自然栽培は安心、安全、環境の全てを満足させられる栽培なんだと確認ができて嬉しかったね。

将人

それは凄い出会いがあったんですね。

秋則さんがいう「農業ルネッサンス」という意味もそれでわかりますね。

ゲーテを知らない人は世界でもほんのわずかと思います。ゲーテがそう言っていたことは力と励ましになりますね。

秋則

自分はやはり、宇宙の操り人形ということだな。

AKINORI; The director of Goethe museum participated in my lecture. So, he invited me to the museum to take a look at the real diary of Goethe. It was unusual. To my surprise, what was written in the diary was the following sentence. ”Let the weeds grow here, and sow soybean”. It was quite the same way as SHIZEN-SAIBAI!

ミラノ国際博覧会にて、日本のブース

The genuine one will be spread out by itself.

「正しいものは知らない間に広まっていく」

「日本の食材を信用していない」と言われた

将人
イタリアにも行ってますね。

秋則
２０１５年10月にミラノ国際博覧会があり、講演を頼まれて行ったんだ。その時のテーマは「地球に食料を、生命にエネルギーを」だった。私が日ごろ訴えているような呼びかけと同じように感じたんだ。

講演はスローフード協会主催の大会で、私は５番目に登壇。実はこのとき体調がおかしかったんだ。がんの兆候が出ていたんだな。

会場には80ヵ国から約六千人が集ってお

MASATO; You have also been to Italy, haven’t you?

り、農業に従事する若者が中心だった。

将人　大きな大会ですね。スローフードはイタリアが発祥ですから、盛んなんですね。ファーストフードがイタリアに入ってきて、その食生活に疑問を持った人が、「土地の風土にあった伝統食や農業の保護を考えていく」ということで始まったと聞きます。

その土地の風土にあった伝統食や農業の保護となれば、秋則さんが訴えている「農業ルネッサンス」に通じますね。

秋則　そうだな。私は「21世紀は農業ルネッサンスの時代だ」というテーマで話をした。化学肥料や農薬、除草剤を使わない自然栽培でリンゴを育てている話を中心に、安全・安心な農業の復活を呼びかけたんだ。

講演が終わってすぐに、若者たちが私を囲むようにやってきて、通

イタリア、広がる田園風景

AKINORI; Yes, I went to the International Exhibition in Milan to give a lecture on the theme of “Give us safe food and give much more clean energy to the living lives!” in October, 2015. The lecture was held by the Slow Food Association and the subject of my lecture was “The 21st century is the area of Agricultural Renaissance”.

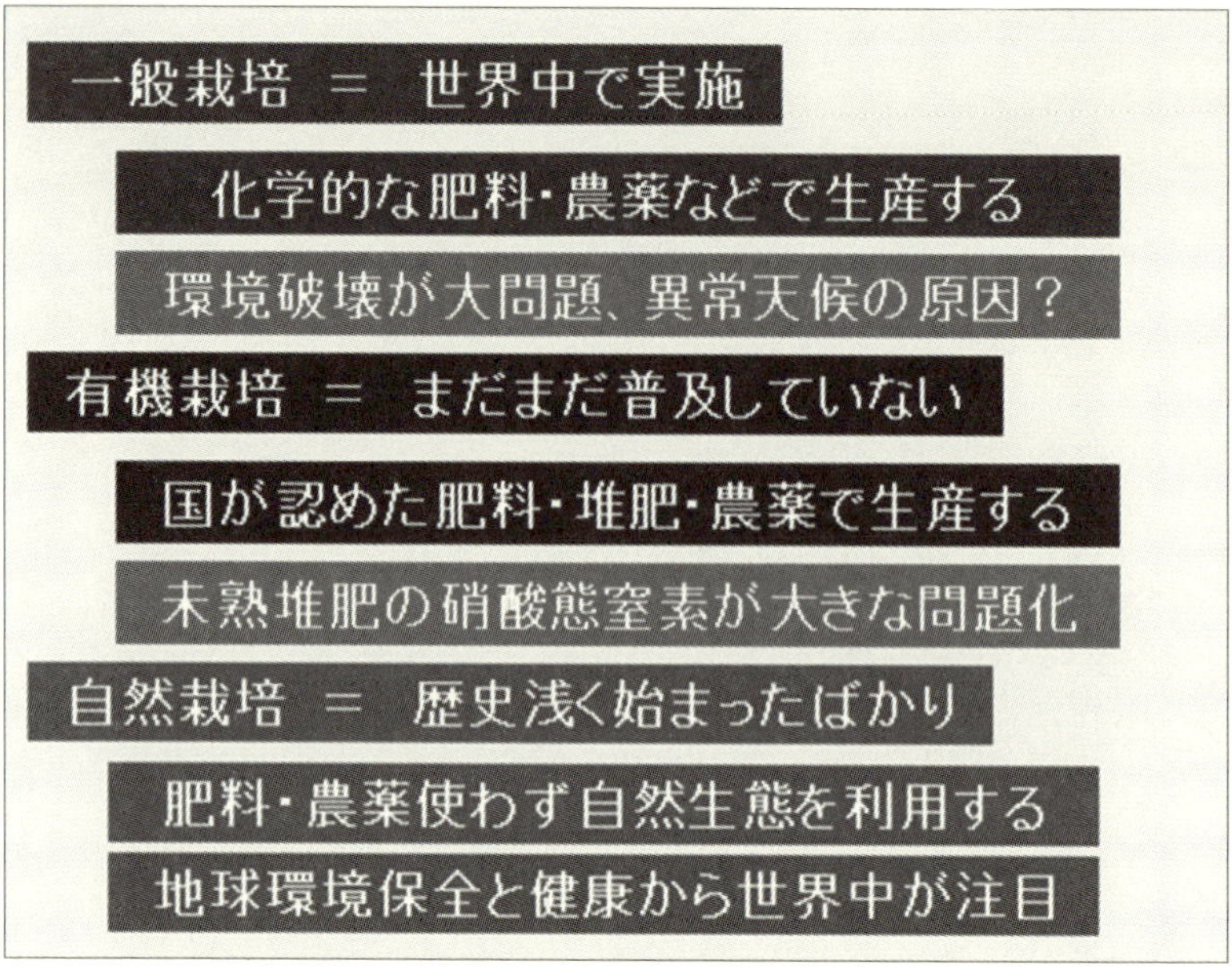
一般栽培 ＝ 世界中で実施
化学的な肥料・農薬などで生産する
環境破壊が大問題、異常天候の原因？
有機栽培 ＝ まだまだ普及していない
国が認めた肥料・堆肥・農薬で生産する
未熟堆肥の硝酸態窒素が大きな問題化
自然栽培 ＝ 歴史浅く始まったばかり
肥料・農薬使わず自然生態を利用する
地球環境保全と健康から世界中が注目

求められる自然栽培（木村秋則編集のパワーポイントより）

訳を通じて
「我々は日本の食材を信用していない」

って言ってきた。

それは硝酸態窒素（血液中に入ると酸欠を引き起こしたり、ガンや糖尿病などに影響すると言われている）のことで、ヨーロッパの基準と比べると日本は、その規制が甘くて、放置状態みたいなもんなんだ。

ヨーロッパでは3000PPM以上の農産物は出荷してはならないという決まりがあるのに、日本では野放し状態なんだなあ。

ちょうど現地で一緒にな

AKINORI; After my lecture, some young people came to me and told that they didn’t trust the Japanese foodstuffs. They pointed out the usage of nitrate nitrogen. Japanese controlled level of it was much easier than that of in Europe. It is said to cause the lack of oxygen, cancers and diabetes.

った林芳正農林水産大臣（当時）に話をしたら、本省に連絡をしてくれたので、私は帰国してすぐに農水省に行って「硝酸態窒素の規制を厳しくするよう、国をリードして欲しい」と訴えたんだ。

役人は、規制はあるけど農協法に依存していると言っていた。規制があっても、無いと同じだったんだな。

放っておくわけにはいかないので、我々も後押しできるように動いているんだよ。

（津軽弁）
将人　「農協法」って法律、有るんだなぁ？
秋則　いぃ、あるだね。それがろぉ、農基法、農業基本法より、上だんだね。
将人　なんどぉ！
秋則　したはんでろぉ、やぐにんだぢ、ぎいんだぢ、だも、農協さあ

AKINORI; Just then, Mr. Hayashi Yoshimasa, the Japanese Agriculture, Forestry and Fisheries Minister also visited Germany, I told him that claim. The Ministry of the Japanese Agriculture, Forestry and Fisheries already knew it, and I also insisted to restrict nitrate nitrogen on.

だまあがねじよう。

将人　うだずなあ、わぉ、はじめで、わがったじゃあ。それでが、ひゃくしょうだじ、農協の、いいなりになってるんだべ。

秋則　んだずよ！

（津軽弁終わり）

（津軽弁翻訳）

将人　「農協法」っていう、法律があるんですか。

秋則　そう、有るんですよ。それがねえ、農基法と言って、農業基本法の事だけど、その法律よりも農協法の方が格上なんですよ。

将人　なんですって、本当ですか！

秋則　そういうわけですからねえ、役人たちや議員さん達は、誰も農協に頭が上がらないんですよ。

将人　そうだったんですか！　私は初めて知りました。それでなんですね、農家さんたちが農協の言いなりになっているんですね。

秋則　そうなんですよ。

（津軽弁翻訳終わり）

将人　実は私もその事では、農協は変なことをするなあと、憤慨したことがあるんですよ。

何年か前に、田んぼにカメムシが大発生した時に、何人かの農家さんから頼まれて、カメムシ対策液を作ってあげたことがあるんですよ。環境浄化工事で、山の別荘地でのカメムシ退治で実績を上げている液があったから。これは、一切農薬は入っていないし、作業するときにわざと手に吹きかけて、それをなめて見せたりして、それを見たお客さんを安心させていたものですが、それを提供したら、何日かして、その友人が来て、「農協へこれを使ってもいいかと相談したら、農協

AKINORI; SHIZEN-SAIBAI farmers don't have to buy nitrate nitrogen because we never use neither agrochemicals nor chemical fertilizers. Generally Japanese farmers buy these chemicals through the agricultural cooperative. They cannot sell their products by the agricultural cooperative when they use agrochemicals without government permission.

から買った農薬以外のものを使えば、出来た米を買ってくれないと言われたので、使えないんだよ」と、せっかくプレゼントしたその液を返しに来たことがあるんですよ。

全く、誰のための農協なんだと、大いに憤慨したことを思いだしました。

秋則

農水省はね、これからは変わっていかねばならないって、ずいぶんと頑張っているんですよ。そこへストップかけているのが、全農なんですよ。全農はね、躍起になって、化学肥料や農薬や除草剤を売らなければ、自分たちの給料が賄えないって、ね。

間違ってるでしょう！ 間違ってるって！

私が、全国のあちこちで、こういう事をしきりに言って歩いているものですから、全農に言わせれば「青森の木村秋則が一番悪い」という事になってるんだなあ。

将人

へぇえ、そういう事だったったんですか。

秋則

しかし、農協の中には、全農には負担金、上納金は払うけど、姿勢

AKINORI; When we do decomposition test on rice grown in several ways of cultivation, we expect deferent results. We cannot say we always expect good results because of organically grown farm produce. Because it still remains the problem of nitrate nitrogen.

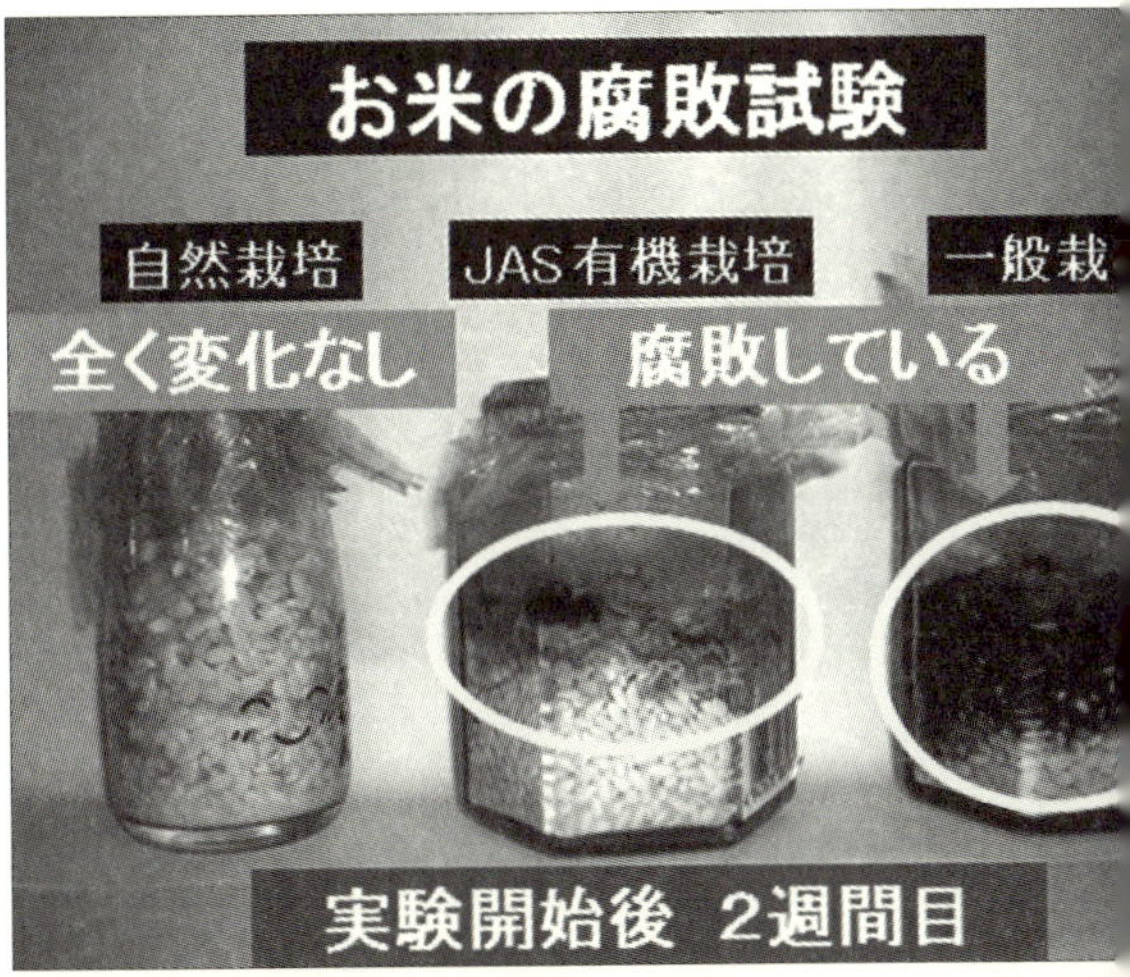

お米の腐敗試験
（木村秋則編集のパワーポイントより）

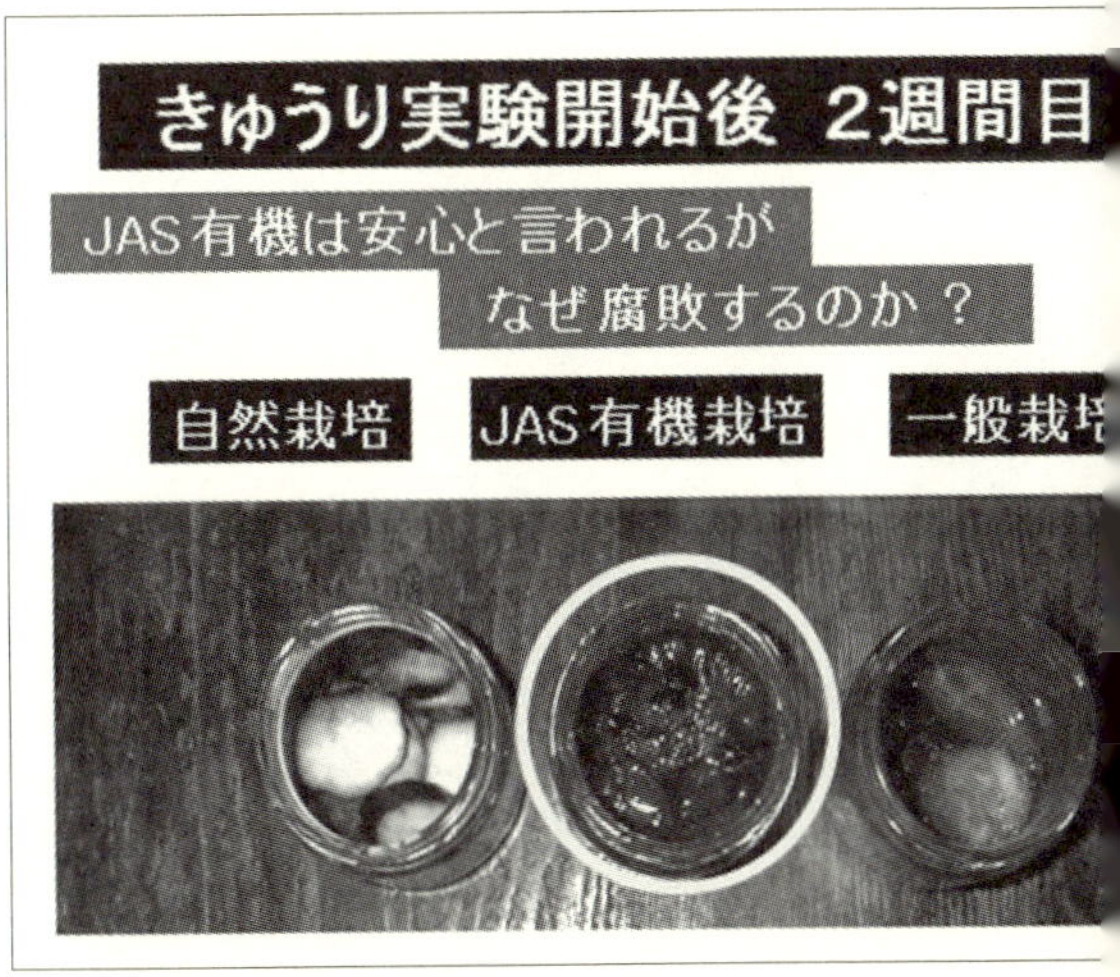

きゅうりの腐敗試験
（木村秋則編集のパワーポイントより）

は農家さんのため、という農協さんもずいぶんと増えてきているんですよ。

将人
それは、いい傾向ですね。そういう、農家さんのための農協、という姿勢の農協が増えてくれれば、農家さんは本当に助かるのにね。

秋則
この写真を見れば一目瞭然だけれど、有機ＪＡＳ農法だからと言って、決して「安全」ではないのですよ。完熟堆肥を使っていれば問題ないのだけれど、この写真にあるように、未熟な堆肥を使って育てた米は、慣行農法で育てた米よりも早く腐るのです。栄養価も少ない。しかし、私が訴えているのは「栄養価」だけの問題ではないのです。それよりも、もっともっと大変な問題があるのです。それが、硝酸態窒素という、人体にとって猛毒となるものが、米や野菜に蓄積されるのですよ。

将人

ぞっとしますね。今の一般の日本人は、有機栽培だから安心だ、JAS規格にあっているのだから、なお安心だ、と信じ切っていますからね。

秋則

もう1つ、非常に大事なことなのに、日本ではほとんど話題にされていないのが、亜酸化窒素の問題なんですよ。

将人

なんですか、それは。私も初めて聞く名前です。

秋則

2009年の8月に、アメリカ国立海洋大気圏局というところが発表したのですが、オゾン層の破壊の犯人は、今まではフロンガスだけを悪者にしてきたけれど、もっと深刻な犯人が分かったというんです。

将人　へええ、フロンガスよりも悪いのが！

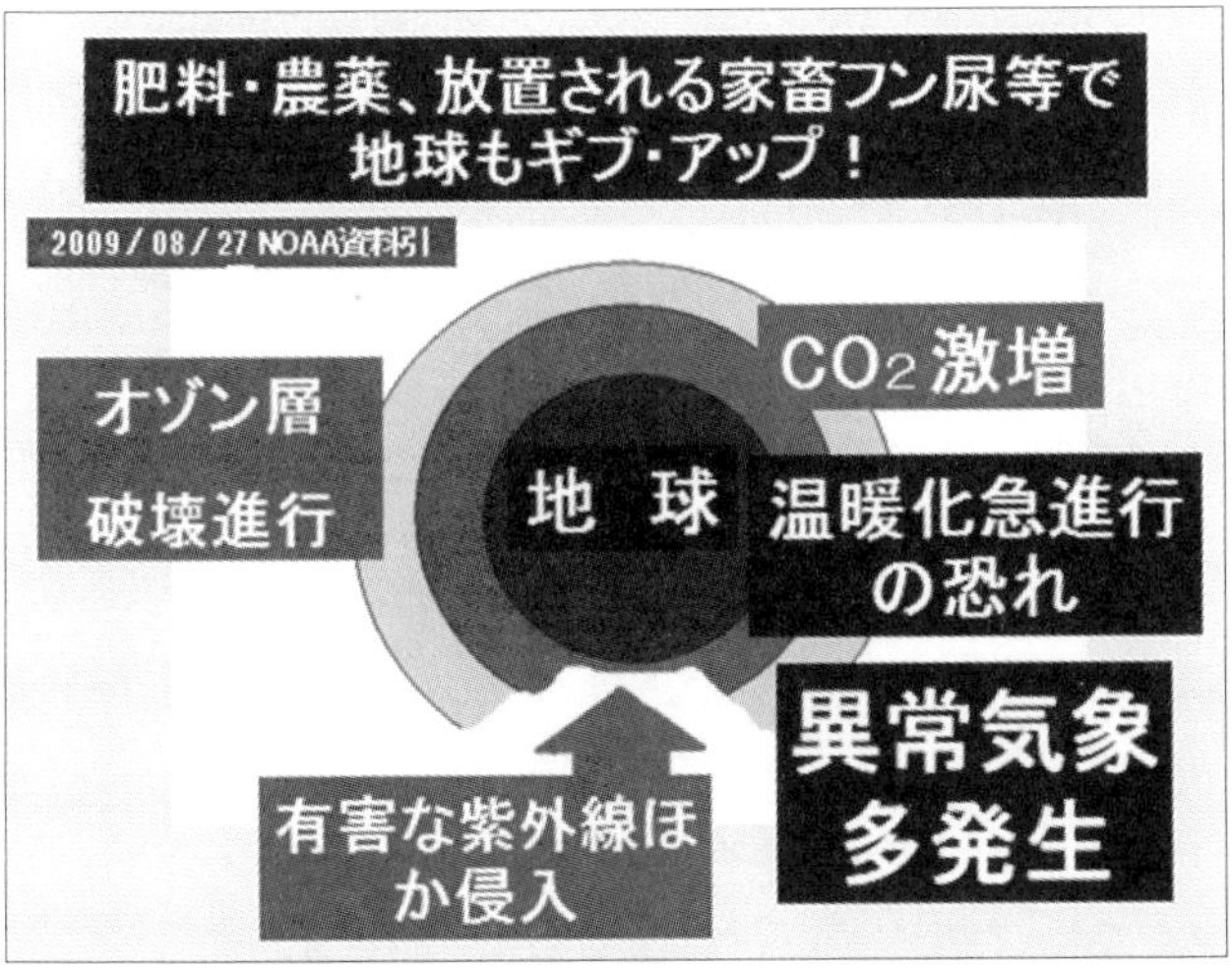

オゾン層破壊を図案化
（木村秋則編集のパワーポイントより）

秋則　そう。それが亜酸化窒素なんです。これは、化学肥料や農薬や除草剤や畜産廃棄物から発生するんです。何と、これが年間1千万トンも排出されて、地球温暖化の原因になっているんですよ。

将人　いやあ、そういう事実があったんです

AKINORI; According to the announcement by the American National Ocean and Atmosphere Agency, nitrate nitrogen causes much more destruction of the ozone layer than CFC; chlorofluorocarbon.

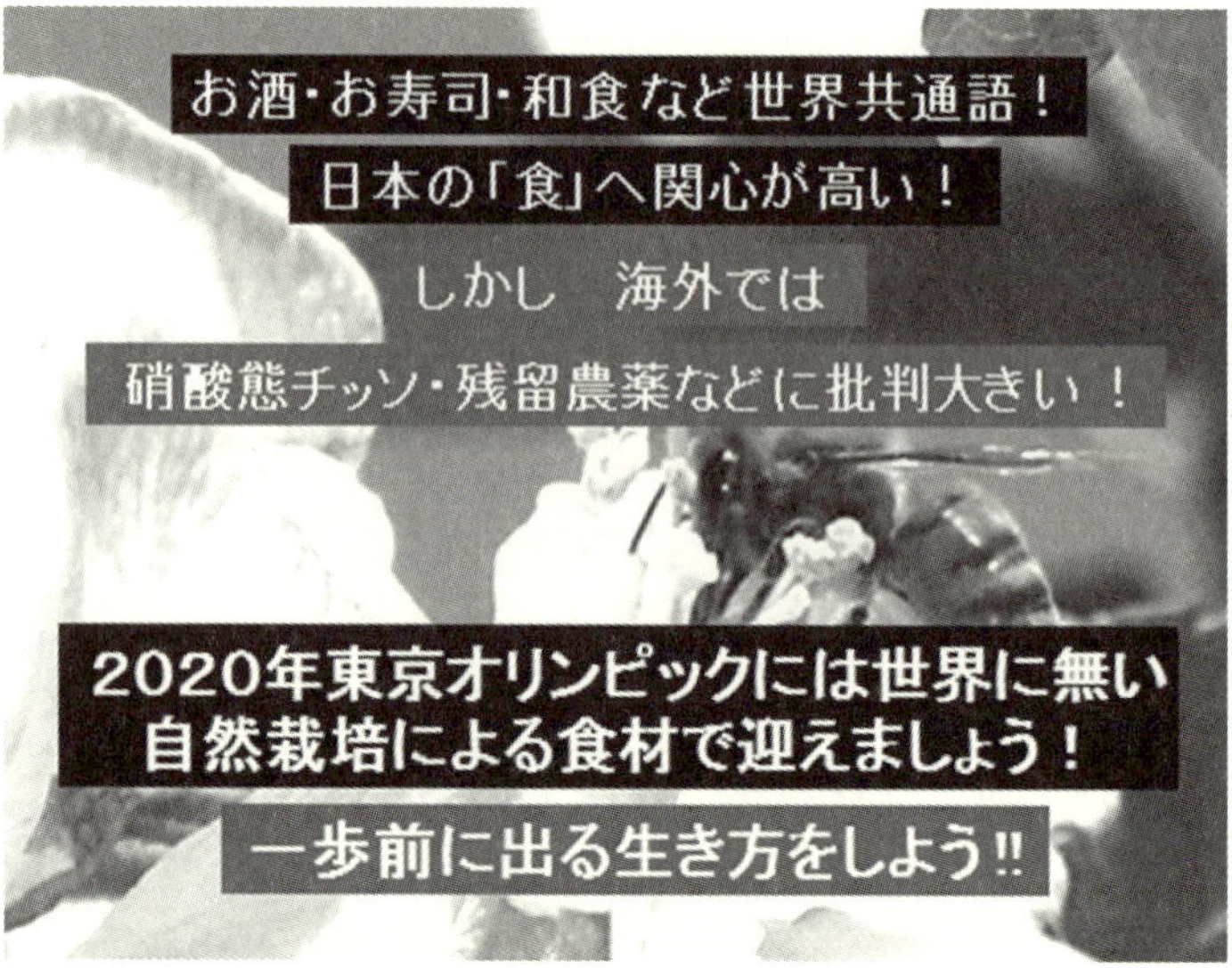

（木村秋則編集のパワーポイントより）

か。そういう事実を秋則さんは、科学的にきちんと捉えた上で、木村式自然栽培農法を、必死で広めておられるのですね。

秋則
我々の仲間で、２０２０年の東京オリンピックには自然栽培の食材を提供して外国人を迎えようとする動きも出ているんだ。

将人
それはいいですね。誰かが動かな

MASATO; Knowing those facts, you’re eager for spreading out the SHIZEN-SAIBAI, aren’t you.

AKINORI; Yes, I am. One of my group started a program that in the Tokyo Olympic Games, in 2020, we do “OMOTENASHI” to foreigners, serving SHIZEN-SAIBAI food.

ければ進まない。ぜひ2020年の東京オリンピックでは、自然栽培の食材が評判になって欲しいですね。

秋則　自然栽培を広めていくために、スローフードの会長さんに「最初はたくさんの反対の声があったそうですが、世界160ヵ国にも広がってきたのは、どうやってきたのですか」と尋ねてみた。

「正しいものは知らない間に広まっていく」が答えだった。

またスローフード協会のマークはカタツムリなんです。それは「自然は急がない」からだという。

1歩、1歩、やっていくことだと思ったね。自然栽培は間違いなく広がってきているから。

スローフード協会のマーク

AKINORI; The slow food is said to be spreading out among 160 countries. I hear that at first there were many opposite opinions, so I asked them how they have been acted. The chairman told me, "The genuine one will be spread out by itself.". I really believe what he said and have been continuing to spread out the SHIZEN-SAIBAI.

将人
日本の政府の動きは、なんか変わりましたか。秋則さんの、今までのご活躍によって。

秋則
そうですねえ、厚生労働省は完全に変わってきていますね。医者たちも変わってきた。それはすごい事なんだ。医者たちから、講演依頼が来るようになったんだもの。今までに、九州大学医学部、熊本大学医学部、京都府立大学医学部、和歌山県立医科大学、東京では、慶応大学、慶応の医学部など、もっとあったと思うんだが、招かれて講演してきましたよ。

将人
へええ、そんなに進んでいるんですか。私も初めて知りましたよ。もちろん、津軽の人たちで知っている人は少ないでしょうね。

秋則
おそらく、知っている人は、ごく少数でしょう。

The world thinks highly of AK-method.

世界が評価するＡＫメソッド

自然栽培は何も手をかけないことではない

将人
ロシアからも声がかかったそうですね。

（津軽弁）
秋則
わよ、どごさこうえんにいったとぎだが、わへだばってよ、講演終わって控室さいったらよ、でっただおどご、３人して待ってだのよ。木村秋則、居るがって。わ、何が、悪いことしたべが、拉致されるんでねべが、とおもったけどよ、きいでみだっきゃ、ロシアの大使館がら来たんだど。そして政府高官がらの手紙を預かって来たので、読んでけ、ってわげさ。わあ、ロシア語読めるはずねっきゃあ、あっはっは。つうやぐしてもらったきゃ、今よ、地球温暖化のためによ、シベリア大陸で、永久凍土が消滅して広

MASATO; I hear you were also invited by the Russian Government.

大な土地が現れだんだど。それば、何とかしてけろ、ってし、内容だったの。

将人

へぇぇ、それで、ロシアさも、行っただな。

秋則

とごろがろお、それがら、間もなぐ、ウクライナ問題が発生してろ、日本、アメリカさついだべ。その話、そのままになってるんだじゃあ。

将人

へば、いずれまだ、改めて、ロシアから、たのまれるべなあ。

秋則

んだなあ。そうへば、いがねばまねど、おもってらじゃあ。ムギを植えるのを指導してやるがなあと、思ってらのよ。

将人

中国さも、行ったんだべ。

秋則

おおぉ、おもしれはなしあるんだじゃあ。３日もいだんだばって、むったど、わの傍さ、びったりどくっついで、あれこれ、あ

AKINORI; Yes, I was. A high administration of the Russian Embassy told me that his country wanted to make good use of Siberian tundra that had been melted by the global warming. Unfortunately, however, it wasn’t realized because of the Ukrainian problem.

へどしてける、おやじ、いだのよ。

百姓だけんた、作業服着てよぉ。でっただ、あられちゃんたけった、めがねかげでるおやんじよ。夕食のとぎも、なんぼでも、あへどしてけるじよ。

わあ、バガだもで、誰だがもわがねで、ホイホイとごちそうになってだのよ。あいでも名乗らねし、わも、きぐきもしねしなあ。とごろがよ。

最後の日にわがれるとぎよ、そのおどご、びっしっと、イガ下げで、なもかも、威厳があるかっこうしてきたのよ。きいだきゃ、中国の政府高官なんだど！　たまげでまったでばなあ。そしてよ、早めに席たったとぎよ。

「ある国からの来客を３日も待たせて、あんたに付き合ってたので、これ以上待たせるわけにいかない」って、出で行ったの。

アドで、聞いだんだけどよ、ソシタ、エライふとば、３日もまだへで、わさ、つぎあってくれでいだんだど。

その後、何回も、ちゅごくがら、わのはたげさ、取材が来てよ。

（津軽弁終わり）

MASATO; How about China?

AKINORI; I've been in China for three days. A man in working clothes took care of me in everything.

（津軽弁翻訳）

秋則

私がね、どこへ講演に行った時なのか、もう、忘れてしまったけどね、講演が終わって控室に行ったらね、でっかい男が３人して待っていたんだ。

「木村秋則。いるか」っていうもんだから、私はなにか悪いことをしたのかな、彼らに拉致されるのかなあと思ったけれども、聞いてみたら、ロシアの大使館から来たというんだよ。そして政府の高官からの手紙を預かって来たから、読んでくださいと言うわけなのさ。私はロシア語を読めるはずはないでしょう。あっはっは。

通訳してもらったら、今ね、地球温暖化のためにシベリア大陸で永久凍土が消滅して、広大な土地が現れたんだそうだ。それを何とかしてくれっていう内容だったんだ。

将人

へぇ、それで、ロシアへも行ったんですか。

秋則

ところが、ほれ、それから間もなくウクライナ問題が発生したでしょう。その時、日本はアメリカ側についたでしょう。それで、その時の話はそのままになっているんだ。

将人
そういう訳なら、いずれまた、改めて政府高官から頼まれるでしょうねえ。

秋則
そうだろうなあ。そういうことになれば行かないわけにはいかないなあと思っているんですよ。そういう時にはムギを植えるのを指導して来ようかなあと思っているんだ。

将人
中国へも行ったんでしょう。

秋則
そうそう、おもしろい話があるんだよ。３日間もいたんだけど、その間、いつも私にぴったりとくっつくようにして、あれこれと面倒を見てくれるおやじさんがいたんですよ。百姓のような作業服を着てねえ、大きな、アラレチャンみたいなメガネをかけているおやじさんでが、夕食の時も、あれこれと幾らでも面倒見てくれるんだよな。

AKINORI; I didn't know even his name. On the last day of staying, he came in dressing up and told me," I've taking care of you by having foreign visitors waited for three days". How could I know he was a high Chines administration!

私はバカなもんですから、相手が誰とも知らずに、ホイホイとごちそうになっていたんだ。相手は名乗らないし、私も聞かないしねえ。

ところがですよ、最後の日になってお別れのときにね、その男がピシッとネクタイを下げて、何とも威厳のある恰好をしてきたんだなあ。

聞いてみたら、中国の高官なんだと！

びっくりしてしまってねえ。そうしてね、その方が早めに席を立った時に、「ある国からの来客を3日も待たせてあなたにお付き合いしてきたので、これ以上は待たせるわけにはいかない。」って言って出て行ったんですよ。

あとで、通訳の人に聞いて知ったんですけれど、そういう偉い人を3日も待たせて、私に付き合ってくれていたというんだ。

その後、何回も中国から私の畑に取材に来ていましたね。

（津軽弁翻訳終わり）

中国からの取材クルー

MASAHITO; You have been invited by Korea many times and have given an honorary citizen of KYONGI-DO city and MUNGYON city.

台湾での講演

将人
それほどまでに秋則さんは、求められているんですね。そして台湾や韓国にも。韓国からは称号も授かっているようですが、何回くらい行っているんですか。

秋則
もう相当回数行ってるな。京畿《キョンギ》道や聞慶《ムンギョン》市の名誉道民、名誉市民になっている。ノムヒョンさんか盧泰愚が大統領の時。青森から直行便で行ったんですよ。

韓国は有機農法が主流となって、自然栽培への道が開かれる感じを受けていたなあ。

２００９年11月には、女房と一緒に韓国講演ツアーにでかけた。その時は、リンゴのふるさとと言われる聞慶市で講演をしたんだ。

講演の際には、私はいつもパワーポイントを使っていて、そのうちの1枚に、リンゴに袋をかける映像があったんだ。それを見た人が「何で袋をかけるのか」と質問してきた。それは「シ

AKINORI; In November 2009, I was invited to have a lecture-tour with my wife. I usually use the power point soft, and people could see a picture of apples covered by a small bag on the screen. They asked me the reason.

AKINORI; I explained the reason was to protect apple trees from codling moths. Then they insisted it wasn't natural way of growing. I must say SHIZEN-SAIBAI, natural way of growing, does not mean doing nothing during growth.

ン食い虫を予防するため」と答えたら、「じゃあ、それは自然栽培ではないのでは」と言ってきたんだな。

私は少しイラッとして

「あなたたちは私の話の何を聞いているのですか。私は無肥料、無農薬でリンゴを栽培しているのです」

と返答した。

韓国で現地指導

自然栽培は何も手をかけないことではない。

私は、自分の手と目が肥料であり、農薬であると思っている。

なぜなら自然は常に危うい。これまでにいなかった虫がいつ発生するかわからない。そのため、常に観察し、肥料、農薬を、使わないで対処する。それが地球環境に害を与えない自然栽培なのだ。

自然栽培の自然とは、自然の営みを理解したうえでその生命力を引き出すために、人間が必要に応じて手を加えるということなんです。何もしないで放っておくことではないんだな。

AKINORI; I grow apples without using fertilizer nor agrochemicals. I always say my eyes and hands are alternative. In nature moths always grow, so we must always watch apple trees carefully. It’s the only way to cope with without using agrochemicals.

将人

実に奥が深い話ですね。

それである言葉を思い出したんですが、この言葉が実にいいんです。最初に『全ては、宇宙が教えてくれた』という本を出した話をしましたが、その中でアメリカ在住の熊倉祥元さんとのメール交信を載せています。

その熊倉さんが教えてくれた言葉です。

「神や仏の世界は素晴らしい。しかしその素晴らしい世界をこの世に実現したいと思っても神や仏はできない。それをするのは生身の人間なんです」

というのです。

いま秋則さんの話を聞いて、自然栽培を世界に広めることが、まさに秋則さんが授かった役割ということですね。

秋則

んだな。

実にいい言葉だ。

励みになるなあ。

MASATO; I remember the words by KUMAKURA YOSHIMOTO in the book of “The Universe taught me everything”. He says, “I believe the world of God or Buddha must be wonderful. They cannot, however, create the wonderful world in this world if they want. Man can only do it in this human world.”

AKINORI; I really like it!

将人　その秋則さんの自然栽培は、ＡＫＩＮＯＲＩ・ＫＩＭＵＲＡの頭の文字を使って、「ＡＫメソッド」として世界に広がっているようですね。

秋則　２０１１年に国際食糧農業機構（ＦＡＯ）の、世界農業遺産システム（ＧＩＡＨＳ）に認知されました。

目で見えている世界だけ研究をしている人は、なかなか理解できないんだな。

ある大学教授が、稲が実った私の田んぼを見て「隣の田んぼの肥料でコメを収穫している」と言ったんだ。へー、そんなことを思うんだと感心したがよ、その次の年、冷害になったんだ。それで肥料、農薬を使った隣の田んぼの稲はまともに育っていなかった。

しかし私の田んぼは見事に実っていた。

（木村秋則編集のパワーポイントより）

MASATO; AKINORI, you are a man of practice of it. SHIZEN-SAIBAI is well known as “AK method”, isn’t it! “A” is the first letter of AKINORI and “K” is that of KIMURA.

その光景を見た教授は、何で農薬も肥料も撒かない田んぼが実っているのか、このままでは自分が考えている理論が崩れてしまうと思ったのでしょう、両方の田んぼの土を持ち帰ったんだな。
調べた結果、私の田んぼからは農薬は検出されなかった。ということは隣の肥料で育っているということが否定されたわけだ。一方で、バクテリアの数が格段に違うと驚いていた。

将人
それはいい検証になりましたね。それにしても学者っていう人は本当に頭が固い。私も農家さんのためと思って商品を開発しているんですが、たとえ農家さんが喜んで使っても、それを認めようとしないんですよ。

秋則
そういう人も徐々に理解者になってきている。そうなると強い味方になるんだな。
そうそう、先ほど話をした教授がオーガニックのリンゴ栽培視察でアメリカの農園に行ったら、リンゴの木にバケツがぶら下がっていた。
実は、その教授、その光景を私の畑で何度も見ている。しかしそれとは関係あるとは思いもつかない。それでこれは何かと聞いたそうだ。

AKINORI; In 2011, FAO, Food and Agriculture Organization, authorized SHIZEN-SAIBAI as GIAHS, Globally Important Agricultural Heritage Systems. But unfortunately, those who only believe what they can see never realize that we can grow farm products without agrochemicals and chemical fertilizer. In one damaged season from cold weather, only my rice field grew very fruitfully. A Japanese professor of agriculture thought it strange and checked the soil and couldn’t find any agrochemicals and find out much more bacteria than others. He was so amazing.

農場主は、その質問に「お前は日本人なのに知らないのか」と驚いて、これは「AKメソッドと言って、オーストラリアの農場の人から教えてもらったんだ」という話をしてくれたそうだ。

将人

まさか津軽の畑の光景がアメリカにあるなんて、思いもつかなかったわけですね。それにしても、オーストラリアの農場の人からアメリカ人が教えてもらったというのは、秋則さんのやっていることが、世界のあちこちで広がっているということですね。

秋則

どうして伝わったかは自分もわからないんだ。でも嬉しいな。バケツには蛾を誘導する液体が入っているんだ。

まさにそれが人の手や目が農薬であり肥料であるということだな。そうした工夫をしながら自然栽培をやっているわけだけど、自然栽培というのは、単に農薬と化学肥料を使わない栽培ではないんだな。

根本には土の偉力があり、それは無尽蔵、無限の可能性を秘めている。土の中に雑草があり、雑草の根には様々な生き物が生息してあり、それらが連動して食糧を生産してくれる。

普通は作物が実ったら、土の肥料が減っているから肥料を加えた

AKINORI; One day the professor went to a plantation of organic apple trees in America and saw buckets hanging over on apple trees. He asked why buckets. The answer was," Hey, you're a Japanese, aren't you! You really don't know AK method, do you?"

（木村秋則編集のパワーポイントより）

りするけど、自然はそうした心配はいらない。ちょうどよくなるように土の中にいる生き物がやってくれる。

ゲーテが日記で書いていたように、雑草等で土壌を改善した後、大豆、麦、野菜を並行して植え付けるというのは、そのためなんだ。

将人

ＡＫメソッドの根本は、自然のエネルギー、生命力を活用するということですね。そうなれば、私がやっている縄文グッズは全く同じということになります。

秋則

その通りだと思う。

AKINORI; In a bucket there is some liquid that leads moths in it. SHIZEN-SAIBAI is not only the way of growing without agrochemicals and chemical fertilizer but also taking advantage of the natural soil power that has limitless possibility.

自然栽培は、農薬、化学肥料の否定ということではないんだな。土と地球の創造的な話で、ある意味、これまでにない高度な学問が必要な領域だと思っている。

学問の光はそこに当たっていなかっただけだと思うので、その分野に光が当たることを願っているんだ。

縄文グッズも同じだと思うな。

将人　ところで、外国でも秋則さんの本は売れているんでしょう?

秋則　そうだなあ、中国や台湾、ドイツ、フランスでもかなり売れているそうだよ。

映画あったでしょう。『奇跡のリンゴ』。あの映画が中国で大評判になったの、ＤＶＤもかなり出ているんですよ。

将人　へぇぇ、そんなにも！　すごいですねえ。まさに「世界の木村秋則」ですね。知らぬは日本人、中でも津軽人だけ、と言うところですね。

AKINORI; Various forms of life live in roots of weeds. They make good soil. At first, we grow weeds to change the soil better, and we plant soybean, barley or wheat and some vegetable in parallel.

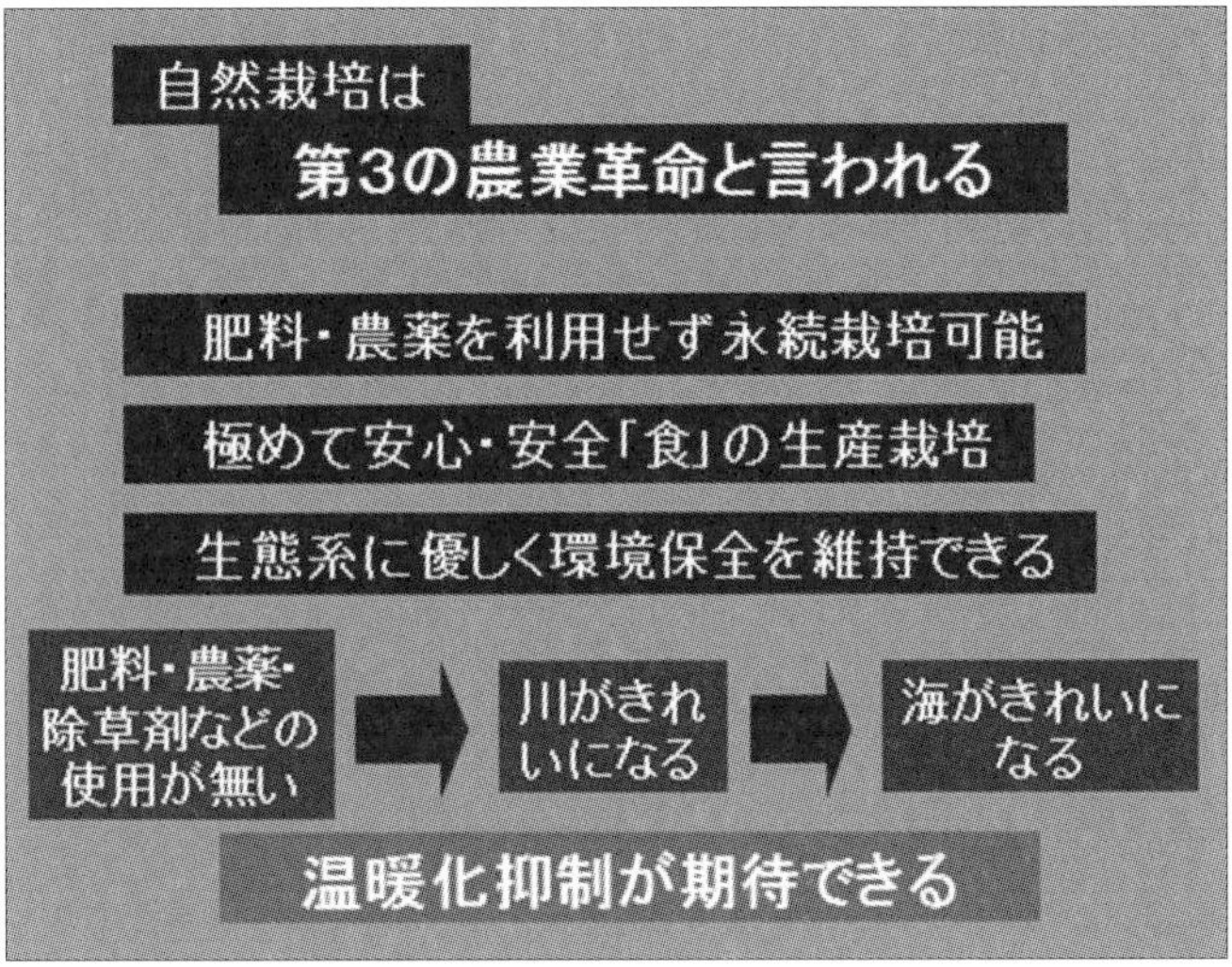

（木村秋則編集のパワーポイントより）

（木村秋則編集のパワーポイントより）

AKINORI; In a sense, very high-level study must be needed in this field ever before.

農薬問題と邪気について

About pollution due to agricultural chemicals and evil influences

「邪気」という波動が地球上に充満している

将人　秋則さんの活動の話に戻すと、全国で講演や農業指導をしていますね。

秋則　自分でもよくやっていると思ってるんだが、講演会でよく話すテーマは「未来への伝言」なんだ。日本の農業の現実を知り、未来に向けて自然栽培の必要性と重要性を訴えている。

皆さんがまず興味を持って耳を傾けてくれるのは農薬のことだね。

かつて日本は、農薬を世界一使っていた。

それで作物自体にも異変が起きている。

例えば野菜の栄養価が低下しているんだ。

将人　その数値を見るとビックリするでしょうね。

AKINORI; Many people are interested in agrochemicals in ordinary seminars. Once Japanese agriculture used lots of agrochemicals in the world.

秋則
農薬使用の使用量は、日本が世界で一番、日本の中で青森県が一番。そして、青森県の中で津軽のリンゴ農家が一番使っているんだな。
将人
それは、ひょっとして、青森県が何年も前から「日本一の短命県だ」ということにも関係しているのかもしれませんね。
秋則
絶対、それはあると、思うよ。農薬や半端な未熟堆肥を使っていると、前に話をした硝酸態窒素が出てくる。それが大問題なんだな。これが病気の原因の一つになっているということが、諸外国では常識になっている。
しかし、青森県の行政関係者は、誰もこのことに気がついていないし、気がついていても、敢えて聞かないふりをしているという一面もあると思っている。
私は、ずいぶん前から、県内でもいろんなところで訴えてきているが、「木村秋則のいうことは、信用できない」と、直接言われたこともあるからね。

AKINORI; When you use agrochemicals or immature compost, there comes out
nitrate nitrogen.

AKINORI; One day I bought and ate a vacuum package food and fell it down to the ground. Lots of ants gathered on it. Several hours later, I found them all died.

将人
だからこそ、我々が青森県発展のために声を上げねばならないと思うんだよね。この本の出版の目的の一つに、少しでもこのことを青森県人に、特に、津軽衆に知ってほしいという意図があるんだよね。

秋則
農薬については、腐敗テストの結果を見ると、ある程度は納得してもらえると思っていますよ。だから講演会でパワーポイントを使う場合はその写真を見てもらいます。

将人
グラビアで紹介した写真ですね。自然栽培の作物は日数がたっても腐らないんですね。見ただけで自然栽培の凄さがわかるなあ。凄いもんだなあ。

秋則
そういえば、こんなことがあったなあ。無農薬栽培で苦労している時の話だよ。一般に市販されている真空パックの食品を山で食べていて、地面に落としてしまったんだ。その肉片に蟻が行列をなして集まってきたんだが、数時間たった後には全ての蟻が死んで、動くことのない一本の黒い筋が出来ていたんだ。

MASATO; A food additive cannot be said safe. Agrochemicals are also authorized by government, but the authorization doesn't mean it is safe for us.

AKINORI; Yes, you are right. And the reason why I call SHIZEN-SAIBAI an agricultural renaissance is the spirit of it.

蟻の群れを全滅させてしまうほどの添加物の入った食品が、日本では認められているわけよ。

将人

それは衝撃的な話ですね。国が認めた食品添加物だから安心ということはないですね。いったい、わが国の許可機関は、どういう観点から許認可しているのか、その基準を見直してほしいですね。なにせ、日本の食品添加物の許可数は、欧米の何倍もあるということですから、ここで見直さなければ、日本人そのものの生存さえ、危なっかしくなりますからね。

しかし、それはわかっていても農薬を撒かなければ作物が病気になったり虫がついたりという現実があるので、自然栽培はいいと思ってもなかなか実践できない農家さんもいるんじゃないですか。

秋則

確かにそういう面もある。しかしそれは見方によって話が違ってくるんだな。

全国的な広がりは、まだまだだけれども、確実に成果を挙げている

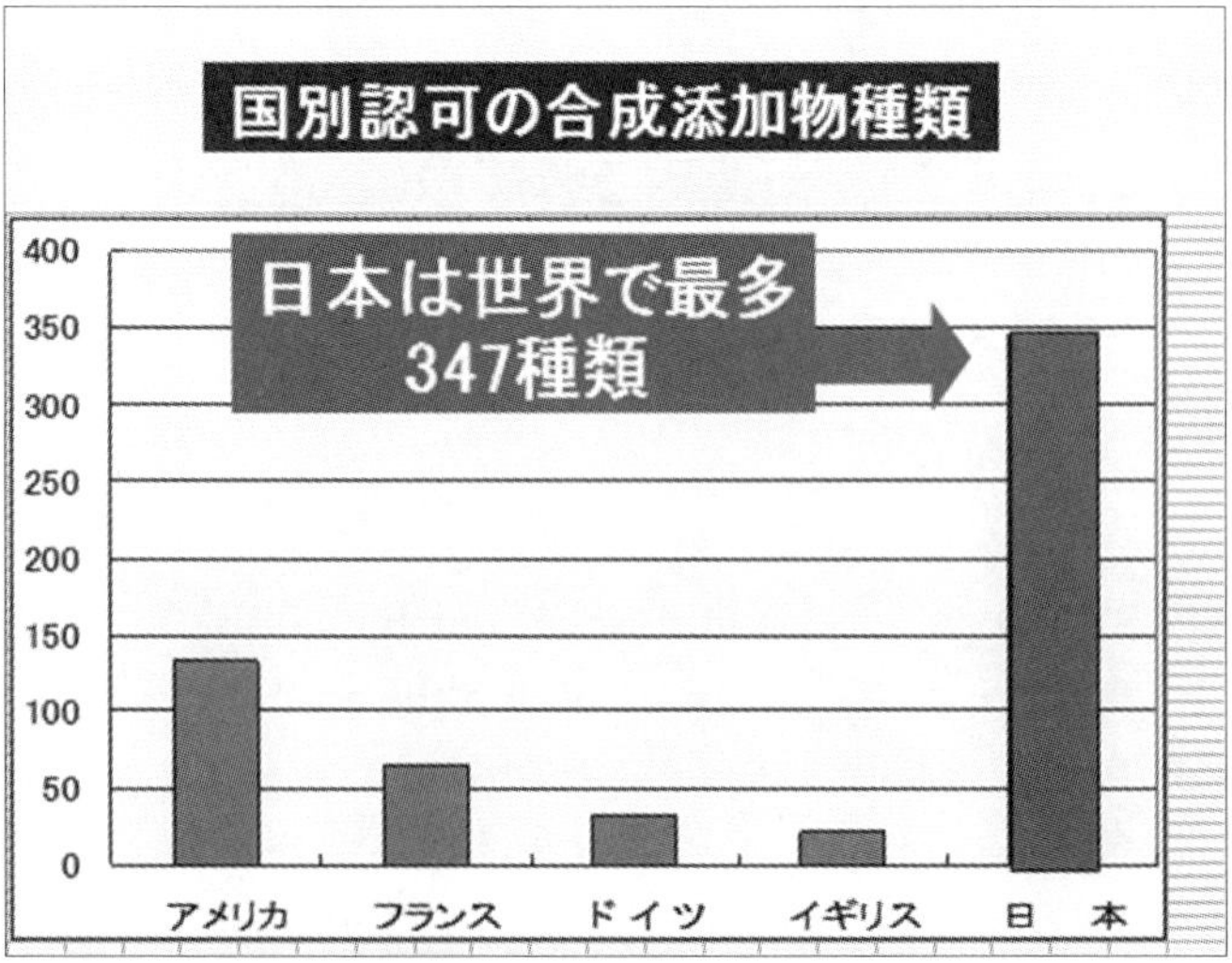

（木村秋則編集のパワーポイントより）

からよ。

私が農家の皆さんに教えているのは、自然栽培の方法なんだけど、時々、「自分は、〝心〟を教えて歩いているのかもしれないな」と思うことがあるんだ。

いくらいい話を聞いても、心が動かなければ実践までいかないもんな。まず、心で思って、志を持って、その後に行動を起こす。心が先で、体は後からついてくるんではねえかな。

将人

それは大事ですね。

心の話が出たので、今回の対談とはまるで関係ないような話をしますが、実は非常に関係していると私は思っています。

それは人から発せられる「邪気」という波動です。例えば恨み、憎しみ、怒り、不平、不満、妬み、嫉妬、こういう思いから発せられるマイナス波動が地球上に充満していると知りました。

そういう中にいると体調がおかしくなるというのです。

秋則さんは地球の修復に取り組んでおられるわけですが、私はこういう邪気を無くすというのも大切な地球の修復と思っています。

MASATO; The spirit is always important. The spirit controls human health. “Evil spirits”, for instance, such as bitterness, hatred, anger, complaint or dissatisfaction, jealousy or envy give out a bad wave motion, so called “negative undulation”. I’ve read an interesting book in which such evil spirits fill on the earth, putting bad influence upon human health.

秋則　それはまた大きな話だね。すぐには信じられないという人の方が多いのでは？　何か具体的に取り組んでいるんですか。

将人　はい。先ほどお話しした「宇宙エルギー戴パワー」を駆使した「イヤシロチ・グッズ」がそれです。電磁波障害だけでなく、こういう面でも役割を果たすことが分かったんです。

さらには、まだ成仏されていない御霊が成仏されるということも分かってきました。こうしたことを含めて、地球の修復、浄化に貢献できると思っています。

電磁波や邪気や、そして、信じられないと思いますが、浮遊霊の有無までもが、写真に転写されるのです。ですから誰でも、ある方法で確認できます。それが縄文式波動問診法であり、オーリングテストなんです。現在、私は、この縄文式波動問診法（ひとりオーリングテスト）を伝授すべく、繰り返しになりますが、全国各地で勉強会を開いているのです。

秋則　そういうところまで活動が広がっているんですね。それにしてもイ

MASATO; “IYASHIROTE GOODS”, those are made free use of “UCHU-ENERGY TAI POWER” are said to be very effective against not only electromagnetic waves but purification of evil undulation recently.

MASATO; The reason why I can understand is that “JYOUMON-SHIKI HADO MONSHIN-HOU” can check the transcribed picture of unseen undulation.

『邪気』の種類と、その対策

邪気		無邪気
恨み（うらみ）	⇒	許し(ゆるし)
妬み（ねたみ）	⇒	尊敬(そんけい)
嫉み（そねみ）	⇒	賞賛(しょうさん)
嫉妬（しっと）	⇒	愛のまなざし
欲望（よくぼう）	⇒	知足(ちそく)
怒り（いかり）	⇒	許容(きょよう)
羨み（うらやみ）	⇒	尊敬(そんけい)
劣等感（れっとうかん）	⇒	自尊心(じそんしん)
嘲り（あざけり）	⇒	賞賛(しょうさん)
不平（ふへい）	⇒	満足(まんぞく)
不満（ふまん）	⇒	満足(まんぞく)
不安（ふあん）	⇒	平穏(へいおん)
軽蔑（けいべつ）	⇒	尊敬(そんけい)
からかい	⇒	ユーモア
脅し（おどし）	⇒	進呈(しんてい)
騙し（だまし）	⇒	贈呈(ぞうてい)
傲慢（ごうまん）	⇒	謙虚(けんきょ)
無視（むし）	⇒	愛
裏切り（うらぎり）	⇒	信頼(しんらい)
短気（たんき）	⇒	のんびり
呪い（のろい）	⇒	言祝ぎ(ことほぎ)
疑い（うたがい）	⇒	信じる
迷い（まよい）	⇒	信念(しんねん)
心配（しんぱい）	⇒	安心(あんしん)
いらいらする心	⇒	ゆったりした心
せかせかする心	⇒	のんびりした心

⇓	⇓
陰性エネルギー	陽性エネルギー
⇓	⇓
体内に嫌気性菌を増やす （腸内細菌を減らす）	体内に好気性菌を増やす （腸内細菌を増やす）
⇓	⇓
病気になる	健康になる

ひとつの「邪気」想念を発すれば、四つの「邪気」想念が返ってくる。
ひとつの「無邪気」想念を発すれば、四つの「無邪気」想念が返ってくる。
これは、『宇宙の、たった一つの法則』です。

木村将人著『全ては、宇宙が教えてくれた』よりヤシロチ・グッズは凄い力があるんだな。

是非とも、私にもそのお力を貸して欲しいなあ。

畑にまかれた農薬や化学肥料、未熟の堆肥は、土に染み込み地下水を汚染する。化学物質で汚染された地下水は川を下って海へ流れ込み、それをきれいにしようとしてバクテリアやプランクトンが大量発生する。

すると、その呼吸熱で水温が上がり、低気圧が発生する。

それが、ゲリラ豪雨や竜巻、また巨大台風の原因になるわけで、そういう面でもイヤシロチ・グッズは使えるのかな。

将人

実は私も若い頃から、そうした異常気象現象や地球環境の悪化に強い関心がありまして、中学校の教師を早目に退職して、地球を縄文時代のような健康な状態に戻したいという大きな目標を持って、縄文環境開発という会社を立ち上げました。

水をきれいに、空気をきれいに、大地をきれいにするということです。我社のオンリーワン技術で成果をあげ頑張ってきました。

そこに、「宇宙エルギー戴パワー」を授かったわけです。

これがマイナス波動の場所をプラス波動の場所に変えてくれるんで

AKINORI; Agrochemicals and chemical fertilizer go down deep into the ground, and pollute ground water and run into rivers, finally flow into the sea. These contaminations are one of important factor of the global warming and disasters on earth. MASATO, your technologies are useful for these problems, aren’t they?

す。

　そのパワーの単位を私独自の判断で「馬力」という単位を使って数値化しているのですが、現在単品で「商品化」している最高の馬力数は、『敷地建物用5個組』という商品で、10億馬力あります。

　しかし、商品化していない製品の馬力数は、とてつもなく強いものです。そういう何兆馬力という製品を、私は日本国中に、北海道から沖縄まで500ヵ所余り設置して歩きました。何人かの心を許しあった友人に少しはお手伝いしていただいたことがありますが、ほとんど一人で、密かに、自腹を切って回ってきたのですよ。

　アメリカには魂の友人がおります。私の本『全ては、宇宙が教えてくれた』に出てくる熊倉祥元さんです。

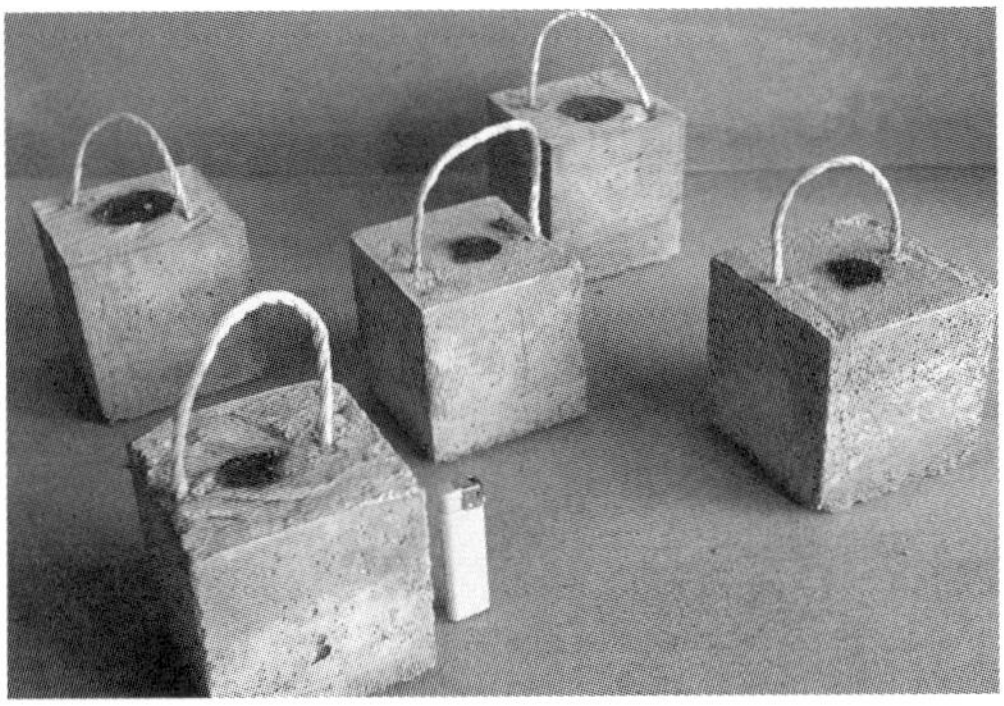

『敷地建物用５個組』

製品化した『N-125』

MASATO; Yes, of course. They can regenerate water, soil and air.

『敷地建物用5個組』設置例

岡山県　A介護施設
『敷地建物用』の第一号の設置建物です。
入所者さんたちが落ち着いてきたとの報告がありました。

青森県 特別養護老人ホーム
つくし荘
成田守男理事長さん（写真の方）のご英断で設置しました。
プラス１０億馬力の「健康ホーム」になりました。

青森市　O氏住宅
プラス１０億馬力になりました。
O氏はご自分の経営する会社にも設置してくれました。

『N-125』設置例（全て浄化、浄霊されました。2人でオーリングで調べると どなたでも確認できます。）

大正 12（1923）年の関東大震災遭難死者約 58 千人、昭和 20（1945）年の東京大空襲で被災した死者約 10 万人の遺骨が眠る東京都慰霊堂（墨田区）

東京都 千鳥ヶ淵戦没者墓苑
大東亜戦争時、国外で死亡した日本の軍人、軍属、民間人の内、身元不明や引き取り手のない遺骨を安置している。おおよそ、３５万８００００柱以上の遺骨が安置されている。

肝川戸隠神社（兵庫県）

熊倉さんにはアメリカ北部の都市に設置していただいています。

もちろん縄文環境開発の技術（ＪＫＫ工法・ＪＫＫ農法）で、池や海や川を浄化し、枯れそうな木の再生なども仕事としてやっています。

秋則

こういう実績がありながら、将人さんも私と同じく変り者扱いで「今度は何をしでかしたのか」などと陰口を叩かれたりしてきたな。イヤシロチ・グッズもまた世間に認めてもらうのに時間がかかりそうだな。特に地元の津軽では。

将人

最近は少しずつ、お客さんの体感によって理解してもらえるようになっていますが、説明だけでわかってもらえるものと違うんですね。

前にも話しましたが、その点では秋則さんに助けられたことがありました。まだ低馬力の商品が世に出始めの頃に、東京で秋則さんの講演会がありました。その時、秋則さんはご自身の一時間半の講演時間から最後の方の30分を私に使わせてくれました。

講演会が終わったあと、当日持って行った商品が全部売り切れるほどに大盛況でしたが、さすがに秋則さんのファンは違うなと思いました。あの日を期して、私のイヤシロチ化商品は、あっという間に全国

AKINORI; You have so called “only-one” technology, don’t you!

区になっていったのですから、本当に有り難かったですよ。

秋則　そう言われれば、そういうこともあったねえ。私は自然栽培をやりながら様々な問題にぶつかりながら解決してきたけど、将人さんの話を聞いていると、私が苦労してきた問題について、大いに役立つと確信していますよ。

MASATO; Yes, I do. Once I had a chance to talk to the visitors in your seminar. I was very glad they could understand my company's technologies and developed goods.

Measures to deal with FRAN-disease which is a kind of Apple trees' cancer

フラン病対策『ＦＴ - 12』

「商品は売ってもいいけど、宣伝は一切ならぬ」

将人

実は内心、私もそう思っています。今度は私からの恩返しになるかもしれないことを、幾つかご紹介したいと思っています。

例えば、リンゴのガンと言われるフラン病があるでしょう。秋則さんもご苦労されて泥で処理をしていると、本に書いておられましたが、縄文環境開発では『ＦＴ - 12』というフラン病対策の商品を作って、売っているんですよ。

これを使うと、一週間くらいで患部が乾いてくるのです。

その時に『ちっちゃな町・板柳と、ちっちゃな会社の大きな挑戦』（高木書房）を出版しました。フラン病抑制の写真集です。

秋則

私は「フラン病」という壁だけは乗り越えられませんでした。フラン病は、リンゴ農家の最大の脅威と言っても過言ではないんだよね。

MASATO; I developed a product named "FT-12", that was very effective to FRAN-disease. It is a kind of Apple trees' cancer. I wrote a book of actual proof. The title of the book is "A small town "ITAYANAGI" and a tiny company's big challenge".

将人

この本には「FT‐12」を使用して、フラン病を短期間で完治した農家さんの体験談もたくさん写真と共に載っているのですが、出版して間もなく青森県の農林部と東北農政局からイチャモンがついて、「この本は農薬法に抵触するので商品と一緒に本を売ってはならない」と行政指導があったんですよ。1万枚も刷ってあったチラシも焼却するように命令されました。

農家さんの立場には一切お構いなしにね。

既得権益者を守るために法律を振りかざすわけです。

「商品は売ってもいいけど、宣伝は一切ならぬ、書店に並んでいるこの本は即刻回収せよ。パンフレットは全て焼却するように」というお達しでした。この本は、売ってもダメ、プレゼントしてもダメ、というんですからね。

秋則

青森県条例では「農薬または農薬と同等の効果を有するもので防除し、徹底管理しなさい」と書かれてあるんだ。農薬と肥料を使わなけ

木村将人・野口幸秀著著
『ちっちゃな町・板柳と、ちっちゃな会社の大きな挑戦』

AKINORI; FRAN-disease is really the worst to the apple farmers.

れば、むしろ、始末書を書かされるありさまなんだ。

今の私などは、この条例に照らし合わせたら、違反だらけの人間になっているようなもんだな。

将人

「この本は、この世に存在してはいけない本なんだ」とまで言われましたからね。私と同席していた板柳町の石澤課長の二人に対して、まるで悪さをした小学生を叱っているような口調で、ね。

青森県の農林部の当時の担当者から、ね。

そこでおとなしく引き下がるのもしゃくなので、口コミで会社に来てくれる農家さんたちの目の前にこの本を置いて、

「私は、この本をここに置いているのを忘れるだろうから、アンタは、拾っていけばいいよ」

と、何百冊もタダで拾ってもらって世に出しましたよ。

売ってはいません、プレゼントもしていません。私が忘れたのを、勝手に拾っていったんでしょう、というのが、いざという時に準備している、私の啖呵なんですよ。悪知恵が働きますからね、私は。

秋則

あっはっは、いかにも、将人さんらしいなあ。そんなにいいものな

MASATO; The local farmers already have gotten some results by using agrochemicals, but the administration gave me directions not to sell my books together with my goods, because it was against the law of agrochemicals.

AKINORI; According to the municipal bylaw of Aomori prefecture, it says “Agriculture must be controlled or prevented by agrochemicals or equally effective things.” If you don’t follow it, you must give to the administration a letter of apology.

ら、ぜひ、私も使ってみたいなあ。

将人
いくらでも差し上げますよ。全く農薬とは関係ない中身なんですから、自然栽培の根本理念には反していませんからね。何しろ、手や顔についても大丈夫どころか、飲めるんですから。

秋則
それは、たいしたもんだ。ぜひとも使わせてください。

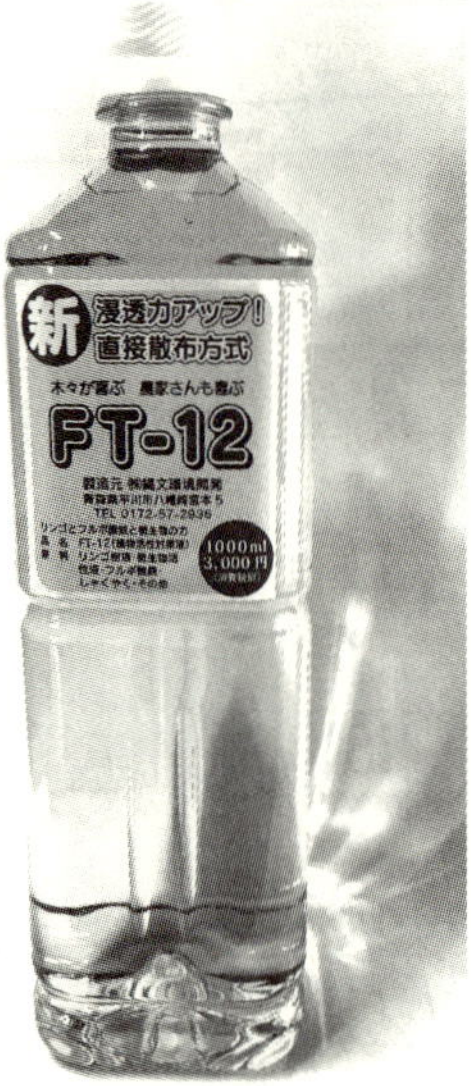

「FT-12」商品

商標登録証
(CERTIFICATE OF TRADEMARK REGISTRATION)

登録第５５５３６２２号
(REGISTRATION NUMBER)

商標
(THE MARK)

FT-12

指定商品又は指定役務並びに商品及び役務の区分
(LIST OF GOODS AND SERVICES)
第　１類　　植物成長調整剤，植物活性剤

商標権者　青森県平川市八幡崎宮本８８
(OWNER OF THE TRADEMARK RIGHT)
木村　将人

出願番号　商願２０１２－０６７１７７
(APPLICATION NUMBER)
出願日　平成２４年　８月　７日 (August 7,2012)
(FILING DATE)
登録日　平成２５年　２月　１日 (February 1,2013)
(REGISTRATION DATE)

この商標は、登録するものと確定し、商標原簿に登録されたことを証する。
(THIS IS TO CERTIFY THAT THE TRADEMARK IS REGISTERED ON THE REGISTER OF THE JAPAN PATENT OFFICE.)

平成２５年　２月　１日 (February 1,2013)

特許庁長官
(COMMISSIONER, JAPAN PATENT OFFICE)
深野弘行

「FT-12」の商標登録証

MASATO; People buy my books “FT-12”, even if the administration regulate not to sell.

Study to cope with a black spot "KUROBOSHI-disease" and remove KOUBAN

「黒星病」対策と耕盤はずし

どちらも人が飲んでも害にならない

秋則　農業用で、ほかに良いものはないの？

将人　親しい人から「黒星病」で困っているという話を聞いて、黒星病対策の液体も作ったんですよ。また、「行政指導」があれば困るから、大っぴらな商品化はしていません。ネットで調べると「リンゴ黒星病の胞子飛散状況」が出ているくらいですから、リンゴ農家さんは、相当に困っているようですが、使ってくれた方々は、けっこう、助かってるみたいですよ。

秋則　そんなにいいものがあるのですか。私もぜひ使ってみたいもんだなあ。

MASATO; I also made very effective liquid against a black spot.

AKINORI; A black spot is also a big threat to apple farmers. I want to use the liquid..

将人
いくらでも差し上げますよ。宇宙のエネルギーを戴いたパワーあふれる水が主たるものですから、飲んでも害にならないし、害になるどころか、却って元気になるかもしれませんよ。

秋則
それは、本物だ！

将人
それに農家さんがビックリする、1ヶ月か2ヶ月で耕盤をはずしてくれる液も完成しているんですよ。『CR-17』（グラビアで紹介）という商品です。これも商標登録も取ることが出来て、これは大っぴらに販売しています。

農薬法とは一切関係がないようですから、どこからも文句は来ないだろうと思います。

農薬や化学肥料、農機具などで硬くなった土壌がふかふかの団粒構造の土に改質するんです。

路地でもハウスでも効果が出ます。

零下10度になる真冬のハウスでの実験でも、深度5センチほどの畑が1ヶ月ちょっとで45センチほどの柔らかい土になったんです。わが

MASATO; I can give you as much as you want. Another thing, I made a liquid named “CR-17” which can make you remove the KOUBAN plate only within one or two months. I sell them and have gotten trademark rights already. Both of “FT-12” and “CR-17” can be drunk by human, they aren’t poisons.

社のホームページに、その様子を動画にしていますので、どなたでも見ることが出来ます。

樹木や葉っぱにかかっても、もちろん大丈夫です。これも、人畜無害、飲めば却って元気になる、というシロモノです。

秋則

それはまた、凄いものですね。私も耕盤外しにはとても苦労して、4~5年かかったからなあ。今の私のリンゴ園の木の根っこの長さは20メートル以上もあるんだが、普通の栽培のリンゴの木の根は、数メートルしかないんですよ。

それが、1~2ヶ月で耕盤が無くなるというのは、画期的なことだよ。

将人

土壌が改質し耕盤がはずれれば、植物の根が地中深くはいりますので自然栽培には大いに役立つと思います。となれば秋則さんが取り組む温暖化対策にも役立つと思っています。

AKINORI; They must be genuine because they are harmless. I used to spend four or five years to remove the KOUNAN plates. If I can do it within a few years, it's an epoch-making. Roots of my apple trees grow more than 20 meters. It's because of KOUBAN removal.

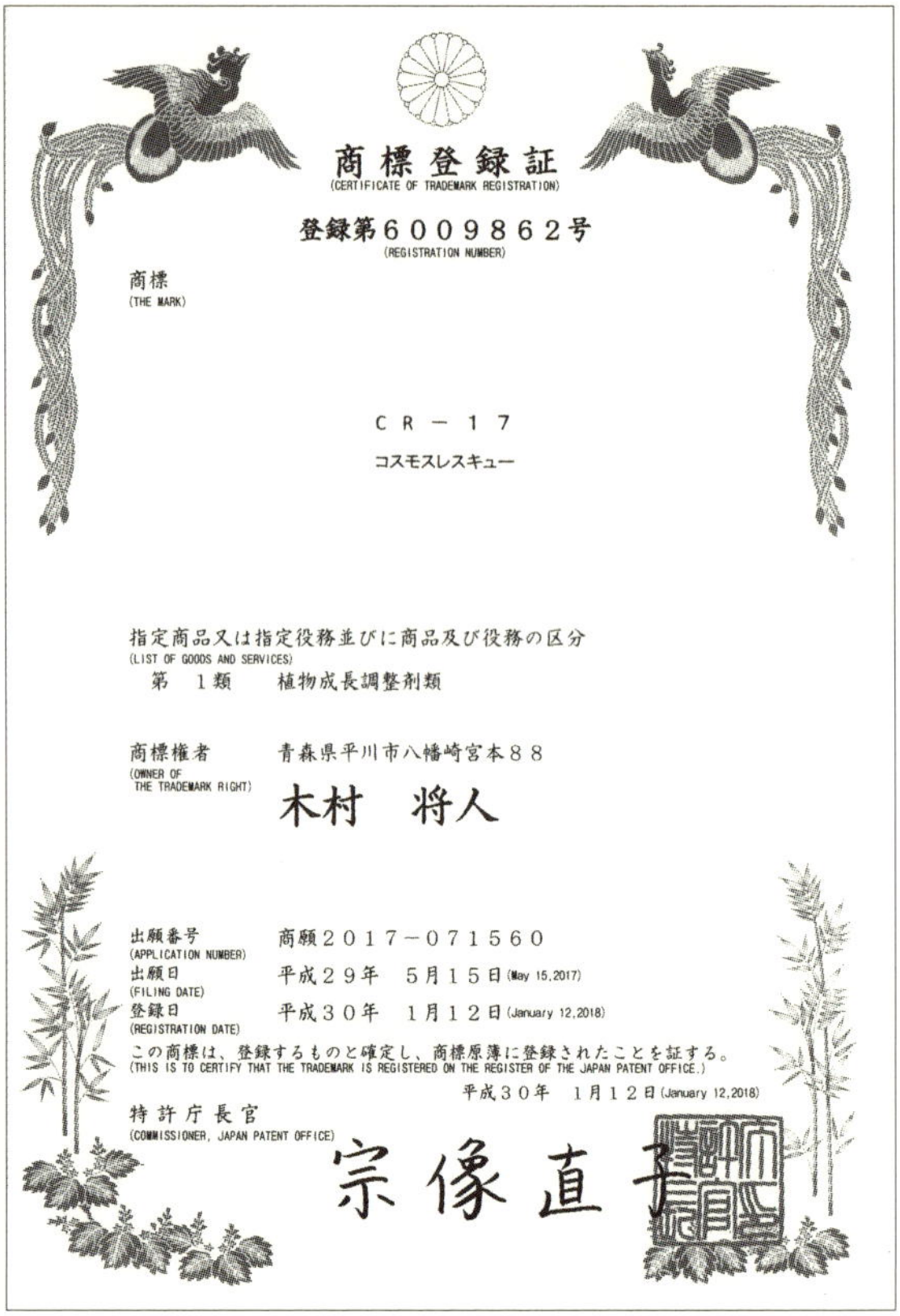

商標登録証
(CERTIFICATE OF TRADEMARK REGISTRATION)

登録第６００９８６２号
(REGISTRATION NUMBER)

商標
(THE MARK)

ＣＲ－１７
コスモスレスキュー

指定商品又は指定役務並びに商品及び役務の区分
(LIST OF GOODS AND SERVICES)
第　１類　　植物成長調整剤類

商標権者　青森県平川市八幡崎宮本８８
(OWNER OF THE TRADEMARK RIGHT)
木村　将人

出願番号　商願２０１７－０７１５６０
(APPLICATION NUMBER)
出願日　平成２９年　５月１５日(May 15,2017)
(FILING DATE)
登録日　平成３０年　１月１２日(January 12,2018)
(REGISTRATION DATE)

この商標は、登録するものと確定し、商標原簿に登録されたことを証する。
(THIS IS TO CERTIFY THAT THE TRADEMARK IS REGISTERED ON THE REGISTER OF THE JAPAN PATENT OFFICE.)
平成３０年　１月１２日(January 12,2018)

特許庁長官
(COMMISSIONER, JAPAN PATENT OFFICE)
宗像直子

「CR-17」の商標登録証

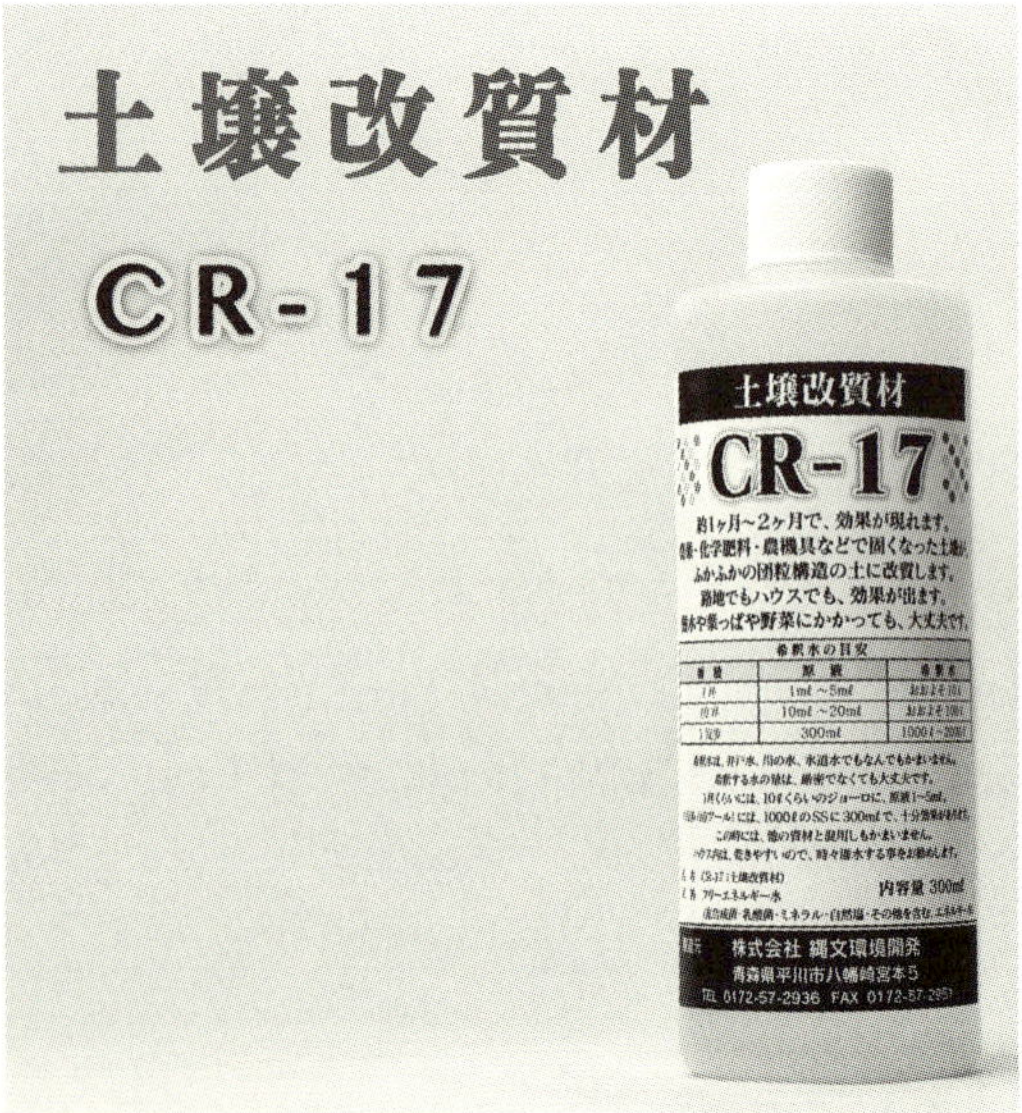

「CR-17」の商品

耕作放棄地（田）の再生

Regeneration of abandoned arable lands

土を乾かすことでバクテリア、微生物たちが活躍する

将人
日本の人口減、農業人口の減少によって、耕作放棄地が多く見られるようになりました。田んぼは5年放棄すると使いものにならないと聞きますが、何か対策はありますか。

秋則
それに繋がる話をすると、私の地元に農業指導をする拠点として廃校の小学校を活用できないかと申し込んだことがあるんだ。したら、担当の職員が私の顔をみて、即、ダメとなった。

将人
とんでもない話ですね。

秋則
そこで、友人を介して隣の黒石市で、紆余曲折を経て耕作放棄地でのコメ作りをすることになった。黒石の農家にもう少しいい思いをさ

MASATO; I sometimes see abandoned arable lands. Do you have any ides to them?

せたいと、前市長の鳴海広道氏の意志を現在の髙樋憲市長が引き継ぎ実現したんだ。

黒石市でうまくいけば、地元の弘前でも動きがでるのではと思った。

将人

トップがヤル気になれば、物事は動くということですね。

秋則

2017年4月に「木村秋則　自然栽培米酒倶楽部」が開講したんだ。主催のみちのく銀行の髙田邦洋頭取が音頭をとり、協力には弘前大学、六花酒造の名が並び、自然栽培を広めるのに貢献してくれる農家の株式会社アグリーハート代表の佐藤拓郎さんもいた。

まず田んぼの昨年の稲株を見て、「溝を掘ろう」と言ったんだ。それは、溝を掘って土を乾かすためなんだけど、受講者は、田んぼには水が入るんだから、わざわざ乾かす必要はないと思っている。

それが間違いなんだな。

田んぼの土を乾かす溝掘り

AKINORI; I've started to grow rice at Ishiguro city next to Hirosaki city using abandoned arable lands. In April 2017, I began to open my club named "KIMURA AKINORI SHIZEN-SAIBAI-MAI CLUB", a club to make rice by way of natural growing method, and many local companies and banks coped with the abandoned arable lands problem.

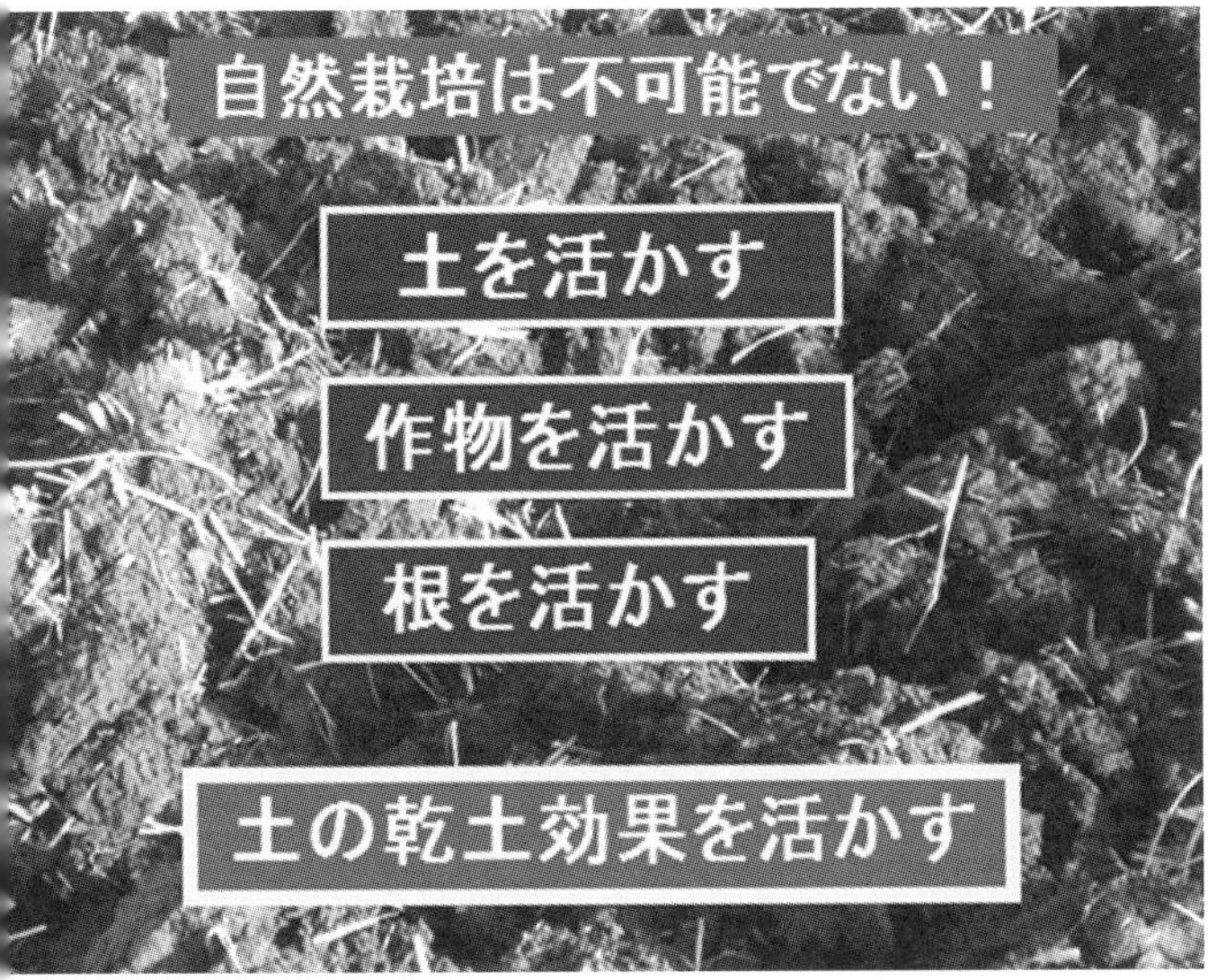

（木村秋則編集のパワーポイントより）

将人　乾かした後に水が入っても、田んぼを乾かす必要があるということですね。

秋則　そうなんだ。土を乾かすことでバクテリア、微生物たちが活躍するんだなあ。1回は乾かさないと田んぼの地力は生まれないんだ。

将人　なるほどね。そういうことは、やはり、農業全般に対しての基礎的な学びと体験の積み重ねがあってのことですね。

秋則　そんなこともあっ

AKINORI; Generally, I recommended them to dig ditches in paddy fields. The reason is, to dry the soils. The trainees thought it unnecessary because waters came in the rice fields. However, it is a big misunderstanding.

AKINORI; Many bacteria and microorganisms can be active by drying soils. I also directed them to read my books carefully so that they tackled the problem seriously.

て私は、1年で6回の講習会だけでは自然栽培を学ぶに時間が足りないと思い、参加者に農業への志と哲学を持ってもらいたいと思って、私の本を1冊でもいいから読んできて欲しいと言っているんです。

将人
秋則さんの本を読むと、自然栽培のノウハウというより、秋則さんの志を感じ取ることができますからね。
受講者は新しい挑戦をするわけだから、自分の意志でやり通す気持ちが必要ですね。

秋則
そこなんだな。志を持つと学ぶ姿勢がまるで違ってくる。その分こちらも真剣になる。
当然、失敗は許されない。
受講者との作業と並行して、黒石市から譲ってもらった種もみを使って苗を作り、私が借りていた田んぼに自然栽培で大丈夫育つという証拠のために植えたんだ。
それが上手く育ってくれて、それを見た人達は驚いていた。

将人
実際に見れば、やる人の自信にもなりますね。

AKINORI; The abandoned arable lands were the lands named "KENJYO-MAI NO ISHIGURO NO TANBO", Ishiguro rice fields for gifts. Various kind of weeds had grown for a long time and they had absorbed agrochemicals and fertilizers. It had the paddy suitable for the SHIZEN-SAIBAI.

MASATO; It really awakens us to the truth.

秋則　黒石市は少しでも耕作放棄地を生かして欲しいということで、かつて「献上米の黒石の田んぼ」と言われていた田んぼが、受講者が使う田んぼになったんだ。
長い時間をかけて様々な雑草が生え、農薬や化学肥料を吸い取り、まさに自然栽培に適している田んぼと言っていいんだな。

将人　それも目から鱗ですね。

秋則　1年目だから雑草も元気、刈り払い機で刈った。中耕除草で稲を植えたあと、浅く条間を耕す。みんな協力してやっていったよ。

将人　黒石市の動きは、地元での広がりも期待ができるので有り難いですね。私の技術が、そうした動きに役立てたら嬉しいです。何でも言ってください。喜んで協力させてもらいます。

秋則　昨年までの南部町の取り組みでは、地元のみちのく銀行さんが特に協力してくれていて、自然栽培ではもちろん除草剤を使わないから、

AKINORI; The abandoned arable lands were at the first year, the weeds were so energetic that we had to use machines to cut off. In half-cut condition after, we planted young plants, we turned over between shallow.

AKINORI; We do every process by our hands because we don’t use weed killers. Seventy new employees of banks participated in that activity and I asked them to walk around the lands in all. It was really a weed killer.

除草は手でやるんだけど、みちのく銀行の新入社員さんを70人も派遣してくれて、その連中が長くつを履いて田んぼの中を一斉に歩くんだ。歩くだけで除草の役目をしてくれるからね。また、ある時などには非番の行員さんを数10人も派遣してくれて、畔の草刈りをしてくれたこともあったね。

これには、助けられたなあ。

平成３０年、黒石市　除草の様子です

田植えの様子

畑でも実修

The effects of "UCHU-ENERGY-SUI", universal-energy-water

宇宙エネルギー水
マイナス波動の状態をプラス波動の状態に

秋則
温暖化に関して、アメリカ海洋大気局・ＮＯＡＡの発表によれば、亜酸化窒素ガスの地球温室効果は、二酸化炭素の３００倍であり、オゾン層破壊の主犯格だと指摘しているんだな。
亜酸化窒素は化学肥料や家畜排泄物に含まれており、環境破壊の原因の１つが今の農業にあることは間違いないと思っている。
やはり土づくりが大切なんだな。

将人
自然環境問題も、縄文環境開発のオンリーワン技術で、ある程度は解決できると思います。というか、解決の方法を縄文式波動問診法（オーリング）で聞けば、教えてもらえる方法を身につけてるんですよ。

秋則
そこが将人さんの面白いところであり、凄いところだね。目に見え

MASATO; One of my company's hit products is "UCHU-ENERGY-SUI". It changes a wave motion from minus to plus, that means from negative into positive.

ない部分に真実があると信じている私は、全面的に将人さんを信じているんだなあ。

将人

ありがとうございます。

他に、縄文式波動問診法でいろんな商品が生まれているんですが、最近は「宇宙エネルギー水」がヒットしています。

簡単に言ってしまえばマイナス波動の状態をプラス波動の状態にしてくれるんです。酸化したマイナス波動の状態の所には、マイナス波動を好む虫や害をなすバクテリアが増えてきますが、強力なプラス波動の環境には、彼らは寄りつかなくなります。このことは、秋則さんはたくさんの著書で繰り返し書かれていましたね。これは、ひょっとしたら、秋則さんの食酢に匹敵するかもしれません。

秋則

それは是非試してみたいですな。

MASATO; Some harmful bacteria and insects that like the minus wave motion tend to be hard to get to positive wave conditions.

AKINORI; I really want to try it in my farm.

リンゴ畑で食酢を薄めて散布

Countermeasures for the damages from birds and beasts, "URUFUN-EKISU"

鳥獣被害対策「ウルフンエキス」

動物たちは、自分達のテリトリーで生きて行く

将人

他に、「ウルフンエキス」（グラビアで紹介）という、本物の狼の血を引くハイブリットウルフの糞を活用して、野生動物を近づけないようにする優れものです。全国あちこちで鳥獣被害が問題になっており、1つの自治体でも何百万円、国全体からすれば何百億円、何千億円の対策費をかけています。それをわずかな費用で対処できるんです。

オオカミは、動物の生態系の頂点にあり、他の野生動物はオオカミの臭いを感じ、その存在を察知すると、カラスでも猿でも熊でもイノシシでも来なくなるのです。そして、彼らは天敵（オオカミ）の存在を認めると、自分たちの生活できるエリアでの棲息数をコントロールするのだそうです。それぞれの動物たちは、自分達のテリトリーで生きて行くようになるというのです。カラスは、群れでなくなり、つがいになるんだと。

MASATO; "URUFUN-EKISU" is a product to protect harmful birds and beasts' damages. Their damages are serious problem all over Japan. Urufun-Ekisu costs very cheap. It was made from dung of hybrid wolves.

この狼の糞を活用して作った商品を近くの自治体に説明しようとしても、なかなか聞く耳を持ってくれませんでした。行政と言うのは、なかなか難しいですね。

1昨年（平成28年）青森県むつ市で1ヶ月間の実証実験をしてくれて、それを地元のテレビで取り上げてくれたり、ＮＨＫでは東北六県に朝、昼、夕方と3回も放映してくれました。

それがきっかけになって、口コミやわが社のホームページを見て全国各地からご注文をいただいています。去年良かったから、というリピーター客も結構多くなっているんですよ。

そんなわけで、これも農家さんの大きな力になっています。何しろ、鳥獣による平成28年度の農作物被害金額は約１７２億円（農林水産省）だそうですからね。

秋則
ウルフンエキスは非常に興味があるね。私も鳥獣被害の対策については、結構、相談されるんだよな。

MASATO; Wolves are the top of the animals and their smell prevent other animals or birds such as crow, monkey, bear and wild boar. Local TV station broadcasted it.

133　鳥獣被害対策「ウルフンエキス」

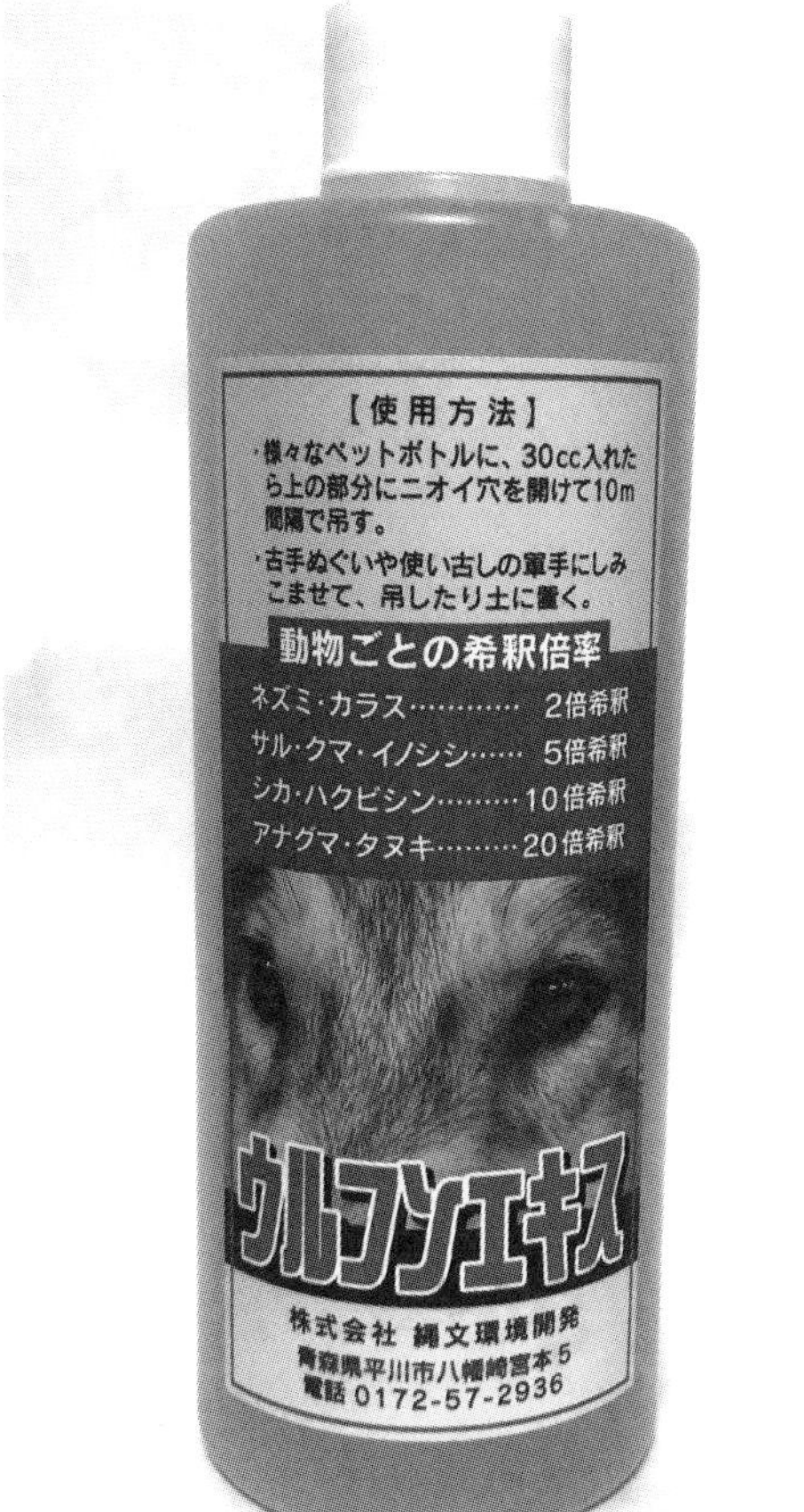

（株式会社縄文環境開発のＨＰより）

A pioneer should be given responsibilities and missions.

最初に取り組む人は勇気が必要

責任と使命が与えられたからこそ先駆者

将人

現場の人達の話を聞くと、なんで行政のトップは決断しないいんだろうと思ってしまいます。そこで思ったのですが、会社の社長なり、組織の長なりは、トップがしなければならないこと、トップがやるべきこと、トップしか出来ないことがあるということです。

秋則さんの自然栽培は、地球環境でも、作物の生育にも、人の食べ物、そして少し時間がかかるとしても経済的にも良い訳ですが、「はい、わかりました」なんて言ってやってくれる人や組織は、すぐには現われなかったんじゃないですか。

秋則

んだな。最初に取り組む人はやはり勇気が必要なんだな。そこを何とかするように進めていくのが、先駆者の務めだと思う。先駆者は常にそれがつきまとう。その責任と使命が与えられたからこそ先駆者なんだよな。

MASATO; I understand SHIZEN-SAIBAI is very safe to foods and also very effective to environment of the earth. I'm afraid if you can get understanding people and companies soon or not.

将人
全くそうですね。
秋則さんは試練に耐える忍耐力と、先駆者としての勇気があった。
だから活動が世界に広がっているんですね。

秋則
まだまだだけど、着実に全国各地で活動する人達が増えている。
本当に有り難いなあ。

AKINORI; The pioneer must be brave. He is needed a strong will to accomplish what he should do. That's the pioneer. I believe a pioneer should be given responsibilities and missions.

The direction of the Japanese agriculture from now on

これからの日本農業が目指す方向

私の事を悪者扱いにしなくなってきた

（津軽弁）

将人　ところで、秋則さんよ。これがらの日本の農業は、木村秋則自然栽培でいがねば、まねってごとだえねえ。

秋則　うだずよ。どだいよ、農家はよ、つぢば、わすえでまってるべ。略農家は、たんだ、効率ばりさあだまいって、かんじんのべごだのぶだだの鶏だのの、健康というごと、なんも、あだまさねんだもの。

ミケランジェロだのダーウインだのの、しごどもすげえけどもよ、自然は、つづは、もっとすげえだね。

ヨトウ虫てし、害虫あるべ、よながにではてきて、はだげの新芽、くってまるやず。百姓だじ、これではれば、こまってまって

MASATO; I think Japanese agriculture must introduce “KIMURA AKINORI style SHIZEN-SAIBAI”.

だじよ。とごろがろう、あるふと、発見したじよ。ミョウガのはだげのそばのやさい、やられでねんだど！そえで、ミョウガの葉っぱば、はだげさしいでみだんだど。したやきゃろぉ、ヨトウ虫、こねぐなったんだど！

将人

なんど！ ミョウガだば、わの会社の塀のふじさ、勝手ににおがってきてらよ。ずんぶまえ、会社借りる前の、大家さんがうえでいだやず。これば、ヨトウ虫にかって、やらえでら農家さんさ、けでやればいんだでばな。なぼでもあるはで。

秋則

なあ、これふとずとてみでもよ、自然って、すげえもんだて、わがるでばな。最近はよ、つぶえで使てね工場ば使ってよ、水耕栽培ってしやず、はやってるばってよ、無菌状態で栽培しているはで、安全ですってよ。とごろがよ、そっただだ、無菌状態ででぎだやさいくったたて、わらはど、免疫力おじでまるべな！

将人

安心、安全、と言う意味ば、はき違えでまってるんだなあ。

秋則

AKINORI; The base of SHIZEN-SAIBAI is to make good soil. The power of natural soil is really strong. Once the power of soil gets well again, we can grow plants according with the nature reason. For example, you know harmful insect called YOTOU-MUSHI. When you cover lots of leaf of Japanese ginger over the farm field, they never appear.

今の日本でよ、最もかげでいるなあ、本物の食、ってし問題なのよ。このままいげば、日本だっきゃ、ふと、えねぐなるがもしれねえんだよ。そのごとを、わあ、何10年も、しゃべってきてるんだねえ。

そいでもよ、最近は、農水省も厚生省もワンつかずづだけども、変わってきてるはでなあ。何よりの証拠はよ、わごと、わるものあつかいしなぐなってきたのよ、わっはっはっは。

将人

いだんたえなあ。企業のふとだじも、じんぶ、応援してけでるってしなあ。

秋則

うだのよ。何よりもありがでえのはよ、シェフだじ、一流ホテルのシェフだじ、やがくて、おらどの仲間のしょぐ材をかってけでるんだじゃ。しかもよ、一般のものよりもかなりたがく値こつけでよ。

将人

そりゃまだ、ありがでえごとだなあ。この流れが、もっともっと広がるように、あきのりさんやあ、ガンだのになってる暇、ね

AKINORI; Recently hydroponic of growing attracts many people's attention because of its safety and an aseptic condition. I'm afraid it's no good to children as an aseptic condition weakens the power of immunity.

MASATO; Lots of people don't understand the true meaning of safety and being free from care, do they!

えだでばなあ。

秋則　わっはっはっは。うだえなあ。ガンだの病気だのになってるひま、ねえのよお、来週もまだ、でがげねばまねしなあ。

将人　ま、きょうのこの元気だば、大丈夫だね！

秋則　まさとさんがら、そしてしゃべらえれば、わも、あんしんだじゃあ、あっはっはっは。

（津軽弁終わり）

（津軽弁翻訳）

将人　ところで、秋則さん。これからの日本の農業は、木村秋則自然栽培でいかねばダメだということですね。

秋則　そうなんだな。土台、だからね。農家さんは土を忘れてしまっ

AKINORI; The worst lack of concept is “ What’s the real food?” Recently, the thinking of the JAFFM and the JWLM has changed slightly. I hope they begin to understand the importance of real foods. They never treat me as a bad guy in these days.

ているでしょう。略農家は、ただただ、効率よく利益を上げる事ばっかり考えて、肝腎の、牛や豚や鶏たちの健康という大事なことを、全く考えていないんだもの。ミケランジェロやダーウイン達がしてきたことも凄いことだけれども、自然は、土は、もっとすごいんだ。

ヨトウムシという害虫がいるでしょう。夜中に畑に出てきて、新芽を食べてしまう害虫なんだけど、百姓さんたちは、これが発生すると、困ってしまっていたんだ。ところがだよ、ある人が発見したんだ！　ミョウガ畑の傍の野菜の新芽がやられていないことを！　それで、ミョウガの葉っぱを畑に敷いてみたんだって。そうしたら、ヨトウ虫が出なくなったというんだな！

将人

なんですって。ミョウガなら、私の会社の塀の隅っこに勝手に生えてきていますよ。大分前に会社を借りる前に、大家さんが植えていたものが！

これを、ヨトウ虫に困っている農家さんたちに

（木村秋則編集のパワーポイントより）

差し上げればいいんですね。幾らでもありますから。

秋則

ねえ、これ一つ見ても、自然ってすごいことだとわかるはずなんだ。最近はねえ、倒産して使っていない工場を利用して、水耕栽培というのが流行しているよね、無菌状態で栽培しているから安全ですって。ところが、そのような無菌状態でできた野菜を食べることで、子供たちの免疫力が低下する事が懸念されると思うんだよ。

将人

安心・安全という意味を、はきちがえてしまっているんですねえ。

秋則

今の日本でねえ、最も欠けているのが「本物の食」という問題なんだなあ。このままいけば、日本という国には人がいなくなってしまうかもしれないんだ。そのことを、私は何10年も話し続けてきてるんだ。それでもな、最近は、農水省も厚生省も、少しずつだけれども、変わってきてるからなあ。何よりの証拠はね、私の事を悪者扱いにしなくなってきたことだ。わっはっはっは。

将人

そのようですねえ。企業の方々もずいぶん応援してくれている

AKINORI; Many chefs with the same belief of the top-ranking hotels have begin to use our group's products with high price.

っていいますものねえ。

秋則　そうなんだ。その中でも何よりもありがたいのはシェフたちなんです。一流ホテルのシェフたちが、競って我々の仲間の食材を買ってくれているんですよ。しかもですよ、一般の値段よりもかなり高価な価格をつけて、ね。

将人　それはまた、何とも有り難いことですね。この流れがもっと、もっと広がるように、秋則さんよ、ガンになってるような暇はないんですよ！

（木村秋則編集のパワーポイントより）

NHK「ようこそ先輩」の取

秋則　わっはっはっは。そうだよねえ。ガンだの病気だのになってい る暇はないんだな。来週もまた、出かけなければならないし！

将人　まあ、今日のこの元気さなら、大丈夫でしょう。

秋則　将人さんから、そのように言ってもらえれば、私も安心ですよ。わっはっはっは。

（津軽弁翻訳終わり）

（木村秋則編集のパワーポイントより）

Anti-electromagnetic wave measures and its dangerousness. They are always around us.

身近にある、電磁波の危険性

その事実と対策方法

（津軽弁）

将人
ところで、あきのりさんよ、わぁ、最近おべだごとだどもよ、東京さいげば、あっちゃこちゃのえぎで、ホームさ塀とば、作ってるべ、ＪＲでも私鉄でも地下鉄でも。

秋則
うだ、うだ。最近特にめだってきたんたな。

将人
あれよ、わあよ、酔っ払っておじるふとば、まもるためだとばりおもてたのよ。

秋則
そだんで、ねじな。

駅のホームに設置された柵

将人　わあ、最近、神戸さいって、藤井佳朗ってし、歯医者さんさ、あってきたんだばってよ。このセンセ、何十年も前がら、電磁波のフトの体さ悪さするごとば、むったど、世のながさ、訴えつづげできてるふとでよ、国際会議でも基調講演を何回もしている偉いセンセだんだじゃ。

秋則　へぇぇ、そただだ歯医者もいだだな。

将人　その先生がら直接きいだ、はなしだばって、日本ではよ、一年間で、ホームさおじるふと、千人を超えでるっだじゃ。

秋則　いづがら、そっただに、酔っ払いふえだだば。

将人　なもや！　だへば、朝っぱらがら、よっぱらってるふと、そたらに、千人もい

歯科医の藤井佳朗医師が
制作した映像より

るもだなへ。これよ、スマホだのタブレットだのがらでる電磁波のせいで、脳の平衡感覚がくるってまるんだど。それで、となりあさいでるふと、わんつかふれだだげで、よろよろって、よろめいで、ホームさおじるだんど！　藤井先生はよ、自分のブログさ、その人体実験した様子を、動画にして、載せでるんだじゃ。おこねのはよ、自分が持ってるスマホがらの電磁波はだげでねくてよ、となり、あさいてるふとのスマホがらの電磁波にせいでも、平衡感覚が狂うんだど！

秋則

なんど！　今だっきゃ、持ってねえふと、ねえほど、みんな持ってるでばな。

将人

そえがらよ、わぁ、もふとづ、わがったごと、あるだじゃ。東京だの大阪だのさいげばよ、電車さ乗ってれば、しょっちゅう、車内アナウンスあるきゃあ。ただいま、〇〇線の〇〇えぎでの人身事故のため、〇〇線は、何分遅れで運行していますってしやず。

秋則

んだ、んだ。わぁも、よぐきぐな。

MASATO; Recently, we are often aware that there are a lot of fences in platforms of railroad stations, such as JR (Japanese Railway), private railroads and subways. I believed those are built as a protection for the drunken people not to fall from the platforms.

AKINORI; It’s the purpose, isn’t it

将人
わぁよ、あれきぐたびに、あれまあ、まだ、飛び込み自殺したふと、いだんだべなあ。きのどぐになあ。しかしまあ、ふとめいわぐだ、しにがだだなあって、おもてたのよ。
秋則
わも、おなじだじゃあ。
将人
とごろがよ、それ、つがるんだど、わがったね。
秋則
飛び込み自殺で、ねじな
将人
自分も周りも、たげだふとど、スマホもってるばな。そのために、平衡感覚がくるてまて、わんちか、ふとがら押さえだり、触れられすて、ふらふらって、ホームさ、おじでるんでねべが、どおもたのよ。
秋則
はぁあ、なるほど、いわれでみれば、そだんたえなあ。んむ、わも、そおもうじゃ。しかしまあ、おそろし世のながになってまったも

MASATO; I went to see a dentist, Doctor Yoshiro Fujii in Kobe, who's giving a warning of harmful effects of electromagnetic waves emitted from some electronic devices. He represents a risk and troubles caused by electromagnetic waves against human health since decades ago. His activities are worldwide, so he usually mentions such a dangerousness of electromagnetic wave even at the international conferences when he provides keynote speeches.

のだな。

将人　うだずよ。ホームさ、塀たでるってかんがえだふとだじよ、こったごと。わがってで、やってんでねべがどおもってるんだじゃ。

秋則　んだなあ、わも、そおもうな。それで、そのほがのふと持ってる、スマホがらの電磁波ば、防ぐごど、でぎねんじな。

将人　とごろが、どっこい、でぎだじよ。わぁ、めによ、「宇宙エネルギー戴パワー」のごと、しゃべったべ。そのおがげでよ、今回もでぎだんだね！

もっとも、わあ、発明したってわげでは、もちろん、なくて、よ、まだまだ、さずがったんだね。

秋則　なんどぉ、それあぁ、よがった。

将人　とごろがよ、もっと、強烈な、強敵があらわれだんだじゃ。

MASATO; For instance, he's conducted some experiments on humans to see how influential of electromagnetic waves emitted from smart phones and data tablets. Such waves from smart phones and data tablets affect human brain in adverse way. The results showed that those waves upset the sense of balance in human brains.

秋則　なんだば、そりゃあ。

将人　スマートメーターってしてよ、つぎつぎの電気料ば調べるの、今までだば、おばちゃんが、毎月、調べにまわったらべ。それば、ろお、電波飛ばして自動的にわがるようにする仕掛けば、電力会社で考えだんだべ。人件費、かけね、ためによ。それとば、スマートメーターって、しゃべるんだど。

上　電力量を測定するメーター（円盤が回っている）

下　強力な電磁波を発生するスマートメーター

秋則　そのスマートメーターってしじものも、電磁波ば、だすじな。
将人　それがよ！　これがらではる電磁波の強さは、スマホがらではる電磁波の、何十倍だが、百何十倍だがも、強いんだど。そしてよ、これも藤井先生は、人体実験をしてらどご、ブログの動画にしてるんだじゃ。
秋則　それ、なんたかんた、つけねばまねもんだじな。
将人　強制的ではねえ、みたいだけど、都会では、いつの間にかつけらえでだ、というふとも、けっこういるんだど。
秋則　それまだ、困ったもんだでば。
将人　そごでろうう、これさもきぐやづ、でぎだね！。
秋則　さすが、将人さんだなあ。それも、商品化してるんだが。

MASATO; So, when someone walking nearby touches you even slightly, you may easily lose your balance, and then you'll fall from the platform! I heard that there are more than one thousand people in a year falling to the railroad track.

将人

うんだ。早速商品化して、ふとりでもホームさおじるのば、防ぎたくってよ。ホームさおじねまでも、スマホもってるふととば、電磁波被曝がら守ってあげてでばなあ。それによ、まじなかば、あさいでるふとだじはよ、スマートメーターの電磁波さ、晒されでまる世のながになってまるみてえだはで、そういうふととも、守ってあげたいど思ってよ、商品化したんずよ。

（津軽弁終わり）

（津軽弁翻訳）

将人

ところで、秋則さん、ねえ。私が最近知ったことなんですけれどねえ、東京へ行けば、あちこちの駅でホームにフェンスを作ってるでしょう。ＪＲでも私鉄でも、地下鉄でも。

秋則

そうそう、最近ずいぶん目立ってきていますね。

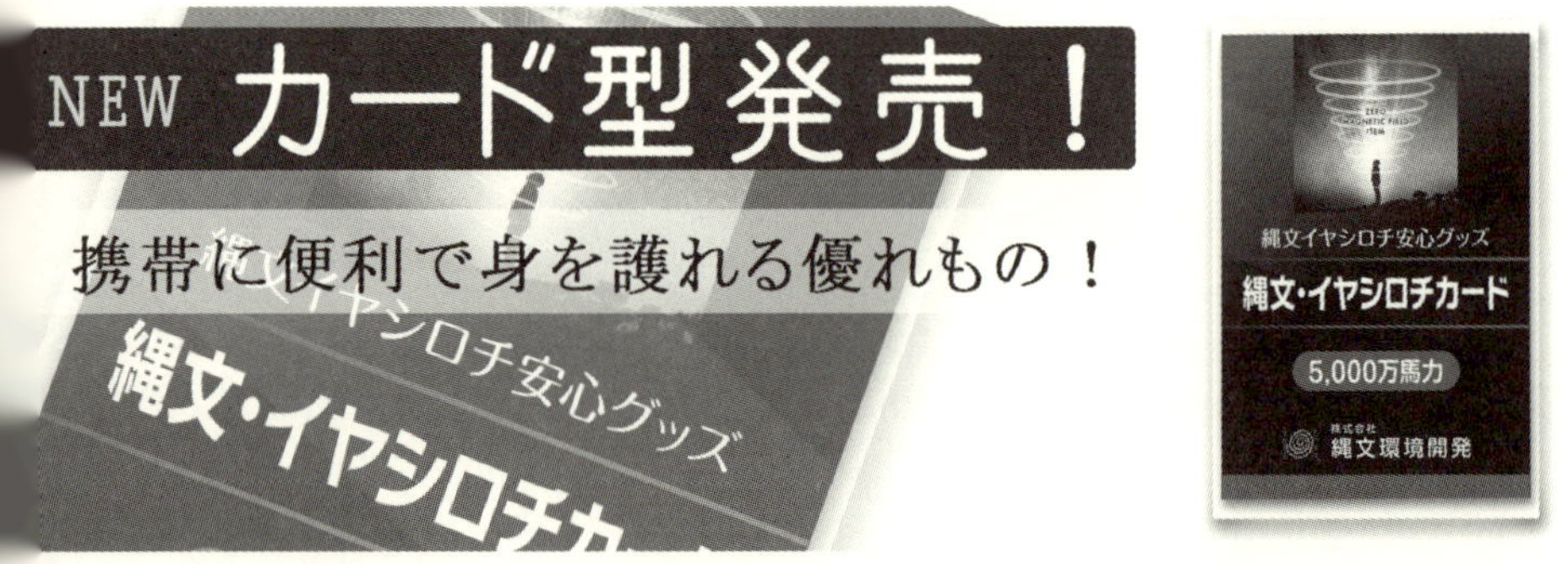

（株）縄文環境開発が平成30年7月から発売を開始した電磁波障害対策グッズ

将人　あれはね、私はね、酔っ払ってホームに落ちる人を護るために設置しているとばっかり、思っていたんですよ。

秋則　そういう意味で作ってるんじゃ、ないのかなあ。

将人　私、最近神戸へ行ってね、藤井佳朗先生っていう歯医者さんにお会いして来たのですけれど、この先生は何十年も前から電磁波の、人の体に与える悪影響について、いつもいつも、世の中に訴え続けて来た偉いお方なんですよ。国際会議でも基調講演を何度もされてきている先生なんですよ。

秋則　へえぇ、そんなに偉い先生もいたんですか。

将人　その先生から直接伺った話なんだけれどもね、日本ではね、1年間に駅のホームから落ちる人が、千人を超えてるんだってよ。

秋則　ということは、それだけ酔っ払いが増えたってことかな。

MASATO; Dr. Fujii uploads his experiments in his weblog by showing actual videos to let many people know the fact of the danger. Also, he introduces “a smart meter” that releases stronger electromagnetic waves than a smart phone or data tablets.

将人　違いますよ！　酔っ払いが増えて千人を超える人が転落しているわけではないんですよ。これはねえ、実はねえ、スマホとかタブレットなどから出ている電磁波のせいで、脳の平衡感覚が狂ってしまうんだそうですよ。

そのために、隣を歩いている人が、ほんの少し体に触れただけで、よろよろとよろめいて、ホームから落ちるんだそうですよ！

藤井先生はね、ご自分のブログに、電磁波の悪影響を人体実験されて、その様子を動画にして載せているんですよ。怖いのはね、自分が持っているスマホからの電磁波の害だけではなくて、隣を歩いている人のスマホからの電磁波でも、平衡感覚が狂うんだそうですよ！

秋則　なんですって！　今時、スマホを持っていない人はいないほどに、みんな、持っているでしょうが。

将人　それからねえ、私、もう一つわかったことがあるんですよ。東

MASATO; For the time being, electric meters are checked by persons in charge every month. They walk around their areas of responsibility to check the electricity consumption of each family. However, some of power companies started to use the smart meter to save the labor costs. It sends the consumption data of each family to the company automatically.

京とか大阪へ行って電車に乗っていると、しょっちゅう聞こえるアナウンスがあるでしょう。ただ今、〇〇線の〇〇駅での人身事故のため、〇〇線は何分遅れで運行しています、っていうのを。

秋則
そうそう、私も出張に行くとよく聞くね。

将人
私はねえ、あれを聞くたびに、おやまあ、また飛び込み自殺した人いたんだなあ。気の毒になあ。しかしまあ、人迷惑な死に方だなあって、思っていたんですよ。

秋則
私も、おんなじ気持ちで聞いていたような気がするなあ。

将人
ところがですね、それは違うんだ、という事が分かったんですよ。

秋則
飛び込み自殺では、ないということかな。

将人
自分も周りも、大概の人はスマホを持ってるでしょう。そのために、平衡感覚が狂ってしまって、ちょっと他人から押されたり

MASATO; Electromagnetic waves from the smart meter are awful.

触れられたりすれば、ふらふらっとなってホームから落ちるんではないかと思ったんですよ。

秋則

はあぁ、なるほどねえ。言われてみれば、そういうことかもしれませんねえ。しかしまあ、おそろしい世の中になってしまったもんだねえ。

将人

そうなんですよ。ホームにフェンスを立てようと考えた人たちは、こういう電磁波が害を及ぼす影響を、分かってやってるんじゃないかと、私は思っているんですがね。

秋則

そうだなあ、私も、そう思うなあ。それで、その他人が持っているスマホからの電磁波を防ぐこと、出来ないのかなあ。

将人

ところが、どっこい！　出来たんですよ。私は以前「宇宙エネルギー戴パワー」の話をしたでしょう。そのおかげで、今回も電磁波をなくす商品が出来たんですよ。私が発明したわけではないですよ。天から授かったんですよ。

MASATO; So, I created the new products successfully by using JYOUMON-SHIKI HADO MONSHIN method. It defends people against those awful electromagnetic waves.

秋則　なんと！　それは、良かった！

将人　ところがですね、敵もさる者、もっと強烈な強敵が現れたんですよ。

秋則　それは、なんですか。

将人　「スマートメーター」と言うんです。月々の電気料を調べるのに、おばちゃんが毎月回って調べに来ているわけですが、それをねえ、電波を飛ばして自動的に届く仕掛けを電力会社が考えたんですね。人件費をかけないために、ね。それを「スマートメーター」と言うんですと。

秋則　その、スマートメーターっていうものも、電磁波を出すんだね。

将人　それがねえ、これから出る電磁波の強さは、スマホから出る

AKINORI; Is it generally effective not only for “smart meters” but also for the smart phones?

MASATO; Yes, of course, it is.

電磁波の何十倍だったか百何十倍だったか、ともかく、強いんだそうですよ。そしてねえ、これについても藤井先生は人体実験して、それをブログの動画にしてみんなが見られるようにしてくれているんですよ。

秋則　そんな危険なものを、必ず付けなければいけない決まりがあるんですか。

将人　強制的ではないようなんですが、都会では、いつの間にか付けられていたという人も、けっこういるそうなんですよ。

秋則　それはまた、困ったもんですねえ。何とかならないんですかねえ。

将人　そこでですねえ！、これにも効果のあるものが出来たんですよ！

（株）縄文環境開発が平成 30 年 7 月から発売を開始した電磁波障害対策グッズ

秋則
さすが、将人さんだなあ！　それも、商品化しているの？
将人
そうですよお。早速商品化して、一人でもホームに落ちる人を防ぎたっくて、ねえ。ホームから落ちないまでも、スマホを持っている人たちを、電磁波被曝から、守ってあげたいですからね。それに、街中を歩いている人たちは、スマートメーターの電磁波に晒される世の中になるようですから、そういう人たちも、守ってあげたいという気持ちで、商品化したんです。

（津軽弁翻訳終わり）

AKINORI; MASATO, your products must be necessities!

MASATO; A pioneer and a trailblazer must achieve improvements with progress all the time. I really appreciate you. Thank you.

AKINORI; Your welcome. Me, too.

There must be answers, and they are beyond common sense.

答えは必ずある　常識にとらわれるな！

バカになれ！　自分を信じろ！　あきらめるな！

答えは必ずある
- 常識にとらわれるな！
- バカになれ！
- 自分を信じろ！
- あきらめるな！
- 全体を見ろ！
- 大事なものは見えない！

（木村秋則編集のパワーポイントより）

将人
この言葉、私も本当にそう思っています。秋則さんの覚悟も伝わるいい言葉ですね。
講演記録を見ると、農業関係者だけでなく、農業とは関係ないような日本の大手企業にも招かれていますね。

秋則
いま企業は地球環境を考えて経営をしなければならない時代になっているのではないかと思う。
私のやっていることは、農業ルネサンスなんです。食の安全を第一に、日本人として、地球に住む一人として、地球環境を守るための農業の夜明けが来たと思って取り組んでいるところです。
宇宙の操り人形だからね。やるべきことをやるだけなんです。

（津軽弁）
将人
いっやあ、秋則さん、長い時間、ありがとうございました。
秋則

MASATO; AKINORI insists in his seminars that there must be answers and that they are beyond common sense. And you also say,” Be foolish! Trust yourself! Never give up! Look the whole!” I really agree with you.

おりゃあ、将人さん。じんぶ、いい言葉、しゃべるんでねが。いつもど、ちがうでばあ。

将人　わだってよ、たまには、れいぎただしいことも、しゃべること、できるんだねえ。今日はとくべつだでばなあ。東京がら、さいどう社長さんも来てくれでるし、よう。

秋則　わっはっは、そんた意味が。わまだ、急に口調かえだもので、びっくらしたでばなあ。あっはっは。

将人　まんず、そういうわげで、本当に世話になったじゃあ。とにかくよ、おたがいによ、今のこのやってらごとをよ、これがらもつづげでゆくしか、ねでばな。

秋則　うだ、うだ。わもよ、このきもじでやっていくはでよ。よろしく、たのむじゃあ。

将人　宜しぐ頼むじゃあというのは、わだしの方のせりふだべなあ。

AKINORI; What I'm doing now is Agricultural Renaissance. For the defense of the earth environment, for the safety of food and the health of human, I've been trying to. It's the time of dawn, beginning.

秋則
あっはっは。まんずへば、この辺でおわるがあ。
将人
本当にありがとうございました！
秋則
なもなも。
（津軽弁終わり）

（津軽弁翻訳）
将人
いやあ、秋則さん。長い時間ありがとうございます。
秋則
おやおやまあ、将人さん。ずいぶんといい言葉をしゃべるんでないの。いつもと様子が違うねえ。
将人
私だって、たまには礼儀正しいことを言うことだって出来るんですよ。今日は特別でしょう。東京から斎藤社長さんも来て下さ

MASATO; A pioneer and a trailblazer must make progress at all times. I really appreciate you. Thank you.

っていることですし。

秋則　あっはっは。そういう意味ですか。わたくしはまた、急に口調が変わったものですから、びっくりしたんですよ、わっはっは。

将人　まずは、そういうわけで、本当にお世話になりましたねえ。とにもかくにも、お互い様、今やっているこのことを、これからも続けてゆくしかないんだよね。

秋則　そうだ、そうだ。私もこの気持ちでやっていきますので、よろしくお頼みいたしますよ。

将人　「よろしくお頼みいたします」という言葉は、私の方のセリフですよ。

秋則　あっはっは。それでは、この辺で終わりにしましょうか。

将人　本当に、ありがとうございました。

AKINORI; Your welcome. Me, too.

秋則　いえいえ、どういたしまして。

（津軽弁翻訳終わり）

After the interview
対談を終えて（英訳も掲載しています）

天職を生きている将人さん

木村秋則

木村将人さんというと、私の以前の印象は荒れた学校を立て直す生徒指導の優れた先生でした。

その時代から、教師は自分の本職、環境浄化は天職と言ってはばからなかった変わった人でもありました。その言葉通りに、教師時代からコツコツと水や空気、土壌などの浄化に、おそらく奉仕活動と言って間違いないと思いますが、それらに取り組んでおりましたね。

それが今では、天職で頑張っておられるなかで「宇宙エネルギー戴パワー」を授かり、全国を飛び回っていると伺って、将人さんらしいと思いました。

何よりも目に見えないものに立ち向かっていることです。それを可能にしているのが「縄文式波動問診法（ひとりオーリングテスト）」ですが、これとて目に見えないものとの対話で成り立っています。

人ならバカげたことと、すぐに諦めるであろう問診法を完全に身につけるまで挑戦することなど、簡単にできるものではなく、将人さんのど根性を感じます。

それによって、たとえば電磁波被曝障害で苦しむ人を救っている。その時の言葉が面白い。「あっしのせいじゃあ、ありませんよ」と言うのですから、なんと謙虚なことでしょう。

フラン病、黒星病と聞いて、心が動かないリンゴ農家はいません。将人さんの力を借りて、私の畑でも試していきたいと思います。我々にとって、とてつもない救いになります。

こうしたリンゴ栽培の面でも、農業の面でも、そして目に見えない世界の面でも、将人さんの力は大いに役立っていくと思っています。

これからも宜しくお願いします。

（ページ169、173の英訳は熊倉祥元氏です）

Mr. Masato who is fulfilling his mission.

Akinori Kimura

My previous impression of Mr. Masato Kimura was that he was an excellent teacher with attention of guiding his students to greater scholastic achievements, helping to rebuild a bad educational environment.

Although his job as a teacher was his main profession, his real passion was environmental studies in the pursuit of conservation and purification, of water, air and soil. He had a unique personality.

Mr. Masato through his investigations discovered the power of what is called "Universal Energy" which can be measured and shown functionally using "Jōmon Hadō monshinhō (O-ring test)". For that reason, he is teaching it and traveling around the country now. It sounds just like him (Mr. Masato).

It is not easy to master "Jōmon Hadō monshinhō" . People usually have doubts about it and give up easier, but he achieved to master the "Jōmon Hadō monshinhō ". He showed us his great guts.

Thereby he is saving people who are suffered by Electromagnetic radiation exposure disturbance. However his response is very interested. "I did not do it. Something else did." He is very humble man.

None of an apple farmer disregard about Valsa Ceratosperma disease and black spot disease.

After experimenting with Mr. Masato's Universal Energy, apple farmers believe this is a salvation for apple farmers.

"I believe that Mr. Masato' s activities will be a great help for agricultural community such as apple growing, and unseen reality."

I am looking forward to having him from now on.

「農」の救世主、秋則さん

木村将人

秋則さんは今や「世界の木村秋則」なのですが、肝腎要の地元・津軽地方では、いまだに「あの、かまどけしなあ」の一言で葬り去ろうという人が少なくありません。少なくない、と言うよりも大部分の津軽人は、秋則さんがやられている、とてつもない大きな世界を、最初から知ろうともしないのが現実なのです。ご著書にも無関心です。

そこで私は、地元の津軽人に理解してもらうためには、まずは、ふるさとを離れて何10年、全国各地でご活躍されている「津軽衆」に理解してもらうのが一番だと思ったわけです。

その方々が年に一度か数年に一度、故郷津軽へ帰った時に、この本を読んだ感想として、

「木村秋則という男は大した人物だぞ。木村秋則にノーベル平和賞をと、本気で行動している人達さえいるんだぞ」

と、呑みの席ででも話題にしていただければ、さしもの世間知らず

の津軽の人々も、秋則さんの凄さに目を向けてくれるのではないかという想いから、この出版の事を思い立ったのです。

それで、所々に「津軽弁丸出し」の頁を加えたのです。

『ふるさとの　訛りなつかし停車場の・・・』という石川啄木の故郷への郷愁と同じ感情を、何十年ぶりかの「本物の津軽弁」に触れて、ふるさとへの想いを掻き立てていただきたいと思ったからです。

この出版計画に、秋則さんは一も二も無く賛同してくださいました。ただしそれは、秋則さんご自身のためというのではなく、1人でも多くの地元の人が「自然栽培」の必要性に目覚めることが、日本全体の農業界のみならず、対談でも何度も触れられているように、日本人の心を元に戻す道につながるのだという、崇高なお気持ちからのご賛同でした。

どうか、全国各地でご活躍の津軽衆の皆さま、ふるさとの偉大な人物をご理解ください。そして、ふるさとの友人知人にご紹介ください。

伏してお願い申し上げます。　　　　　　　ありがとうございます。

The savior of “Farm” , Mr Akinori

Masato Kimura

"Mr. Akinori Kimura is best known person around world now", but the crucial point is that many people in his hometown of Tsugaru region, call him "Oh, he is the bankrupt." Also people try to get rid of him.
Most people in Tsugaru region even are unaware of him or disregard and ignore his tremendous achievements. Also nobody is interested in his book.

So I thought, in order to have local Tsugaru people recognize his commitment, at the first, it might be the best to have "Tsugaru-shū (Tsugaru origin people)" that have left their hometown for many decades now, and have been living in outside of Tsugaru region who recognize him at first.

When people ("Tsugaru-shū) return their home to Tsugaru to visit, they will read this book and understand first hand “Akinori Kumura, this man is a great person and some people could very well lead Mr. Kimura to be a candidate for a Nobel Peace Prize.
Please talk about him even in a place where people get together with social drinking, it could change Tsugaru' s people mind that are uninteresting about a great aspect of Mr. Akinori. This is a reason why I decide this publication.

With this in mind, I added that; "Tsugaruben marudashi (Included Tugaru local dialect words) are in some parts of the chapter.

The phrase is “My dear to hometown dialect at station…” by Takuboku Ishikawa' s poetry.
I would like you to connect to “real Tugaru local dialect” , after that you feel like a back home, it is the same hometown feeling as Takuboku Ishikawa had.

Mr. Akinori agreed in this publishing plan without any question. However, it is not for his benefit, method to engage the local people to wake up to the necessity of “Natural grow method (A.K. METHOD)” , it is not only for the best of agricultural communities in Japan, but, will also it leads the way to restore Japanese people mindset to the basic point as early discussion. Therefore, his commitment is by his lofty aim.

The people of “Tsugaru-shū” who are active in the country, please understand that Mr. Akinori Kimura is a great man in our hometown. Please introduce this man and his innovations to your hometown friends and other.

We all should take pride in with full support. Thank you very much.

木村秋則（きむら　あきのり）

農業。株式会社木村興農社、代表取締役。

1949年、青森県中津郡岩木町(現、弘前市)生まれ。県立弘前実業高校卒。川崎市のトキコ（現、日立オートモティブシステムゾ株式会社）に集団就職する。兄が身体を壊したことで親に呼び戻され、1年半で退職。71年故郷に戻り、リンゴ栽培を中心とした農業に従事。夫人が農薬過敏症であることを知り、76年頃から無農薬・無肥料栽培に挑戦を始める。10年近く全くリンゴが実らない苦難の中で、山の土の威力を知り、ついに完全無農薬・無肥料のリンゴ栽培が成功した。

その体験から、自然栽培と称する農業指導をしながら、農業ルネッサンスを目指して日本全国のみながらず海外でも活躍している。

著書には『百姓が地球を救う』(東邦出版)。『すべては宇宙の采配』(東邦出版)。『リンゴが教えてくれたこと』(日経ビジネス人文庫)。『地球に生まれたあなたが今すぐしなくてはならないこと』(ロングセラーズ)。『地球に生きるあなたの使命』(ロングセラーズ)。『リンゴの花が咲いたあと』(日経プレミアシリーズ)。共著には『土の学校』(幻冬舎文庫)。石川拓治著『奇跡のリンゴ―「絶対不可能」を覆した農家 木村秋則の記録 (幻冬舎文庫)。木村秋則監修『自然栽培12 がんは大自然が治す』(東邦出版)。他多数

木村将人（きむら　まさと）

昭和17年、青森県黒石市生まれ。

昭和42年、東洋大学卒。以後、青森県各地で中学校教師を勤める。生徒指導専任教諭時代には、青森県警本部長賞を受賞。

平成13年早期退職。現在、㈱縄文環境開発代表取締役としてオンリーワン技術で環境改善に取り組む。また縄文研究所所長として「縄文式波動問診法」の伝達講師、宇宙エネルギーの応用研究を行っている。

著書には『信愛勇への教師像』（たいまつ社）。『まごじら先生ぬくもり通信』（津軽書房）。『ドラマのある学級経営』（明治図書）。『一沈一珠』（津軽書房）。『なぜ学校は今も荒れ続けるのか』（致知出版）。『日本再生への道』（五曜書房）。『太宰治一聖書を中心としてー』（高木書房）。『りんごの町・板柳と、ちっちゃな会社の大きな挑戦』（高木書房）、他多数。

株式会社　**縄文環境開発**
所在地：〒036-0241 青森県平川市八幡崎宮本5
電話：0172-57-2936
E-mail　masato@jkk-kouhou.co.jp

津軽弁本氣対談録　時代を拓《ひら》く

平成30年10月7日　第1刷発行

著　者　「奇跡のリンゴ」　　木村 秋則
　　　　「縄文式波動問診法」木村 将人
編集協力　斎藤 信二
英　訳　浅海 維元　熊倉 祥元
発売者　斎藤 信二
発売所　株式会社　高木書房
〒116-0013
東京都荒川区西日暮里5-14-4-901
電　話　03-5615-2602
FAX　03-5615-2604
メール　syoboutakagi@dolphin.ocn.ne.jp
装　丁　株式会社インタープレイ
印刷・製本　株式会社ワコープラネット

乱丁・落丁は、送料小社負担にてお取替えいたします。定価はカバーに表示してあります。

ISBN978-4-88471-810-7　C0011